JN154479

ファーストステップ
宇宙の物理

嶺重 慎 [著]

朝倉書店

口絵1　太陽の可視光スペクトル（京大飛騨天文台）［本文 p. 11 参照］

口絵2　南半球からみた天の川（撮影：福島英雄）［本文 p. 140 参照］

口絵 3 いろいろな波長で見た宇宙 [本文 p. 141 参照]

(a) 可視光(ESA/Gaia 衛星), (b) 赤外線(波長 2μm, NASA/2 MASS), (c) 赤外線(波長 90, 140μm を合成, JAXA あかり衛星), (d) 中性水素の電波(波長 21 cm, NASA), (e) 電波(周波数 30-857 GHz, ESA/PLANCK), (f) γ線(NASA/Fermi 衛星)

口絵 4 上から見た渦巻き銀河 M51 (NASA/ハッブル宇宙望遠鏡) [本文 p. 142 参照]

まえがき

　宇宙に興味をもつ人は多い．しかしながら現在の学校教育において，宇宙物理学（天文学）の基本や最先端の話題に触れる機会はあまり多くない．義務教育において扱う天文の素材は限られたものであり，また天文学が専門の教師もそう多くはない．高校の地学の教科書の内容は格段に改善されたものの，惜しいかな高校における地学の開講率は極めて低い．本書はそのような状況に鑑み，大学の教養課程や学部の専門課程において，本格的に宇宙物理学の勉強を始める学生を念頭において執筆した．

　宇宙物理学（天文学）分野では優れた日本語の教科書が何冊も出版されている．たとえば，3点あげると，以下のようなものがある．
　1. 加藤正二『天体物理学基礎理論』（ごとう書房，1989年）
　2. 尾崎洋二『宇宙科学入門 第2版』（東京大学出版会，2010年）
　3. 高原文郎『新版 宇宙物理学―星・銀河・宇宙論―』（朝倉書店，2015年）
それぞれに特徴があり，また独自の視点で宇宙の科学を広く論じている好著である．一方で天文学の全貌を学ぶには，『シリーズ現代の天文学』（全17巻）（日本評論社）がある．だが，なぜ新しい教科書が必要なのだろうか．

　集中講義などで全国さまざまな大学で講義をすることがある．学生と話をする中で多くの学生が既存の教科書に対し，ある種「敷居の高さ」を感じているらしいということに気がついた．そこで，決して既存の教科書に不足があるということではないが，イントロで軽く扱われているような事項を，初歩から掘り下げて理解を深めるような入門書が書けないか，という課題がふと浮かび上がった．

　本書は，天体についておおよそイメージすることを第一の目的とする入門書である．観測事実を網羅するのではなく，また物理学基礎を踏み固めるところから始めるのでもなく，基礎を押さえながらも抽象に流れず，天体の姿が眼前にほうふつと浮かび上がるように記述すること，これが本書の課題となった．

そこで，執筆にあたり以下の点に留意した．
- 宇宙にあるもの（恒星，惑星，銀河，銀河団，…）および宇宙そのものの構造や進化など，宇宙の現象全般に関わる基礎概念を扱う．
- 多様な観測事実の紹介や高度な専門用語の解説，天文学史の記述は最小限に抑え，天体の構造や活動の根底にある一般原理の理解に重点をおく．そしてより専門的な教科書に進むための基盤づくりを目指す．
- 天文学の基礎知識は前提にせず，必要に応じ解説する．
- 数式に関しては，厳密な導出や証明は類書にまかせることとし，その直観的な意味づけや適用限界，今後の課題などにページをさく．
- 適宜，脚注やコラムでコーヒーブレイク的な話題を取り上げる．

　本書は物理学基礎の内容を宇宙という舞台へ「広く」応用することが主題である．「宇宙の物理」という独自の専門分野があるというより，多様な物理学の体系が宇宙を舞台に「応用」されるとき，それを「宇宙の物理」とよんでいる，といったほうが直観に合っている．

　では，ほかの物理学分野の課題と比べてどこが大きく異なるのか．大ざっぱな言い方をすると，「重力が主役」ということである．「宇宙の物理」とは「宇宙という入れものの中で重力が織りなす構造の物理」といえよう．だとすると天体形成とは，全体から個体への進化といえる．そこにガス（流体）や磁場や放射などさまざまなプロセスが関与する．第1章でその点を中心に論じ，第2章以降で恒星，コンパクト天体，惑星，銀河，宇宙へといった各論に話を進めていく．だが，必ずしも第1章から順に読む必要はない．第1章（特に1.3節）は少々取っつきにくいと感じる読者もいるだろう．その場合は興味ある各論から始めて，必要に応じ第1章の該当部分を読むのがよいだろう．

　本書を通して多くの読者が「宇宙の物理」という学問に出会い，興味や学びを拡げるきっかけとなることを切に願っている．

　なお，本書の刊行にあたり，朝倉書店のスタッフに大変お世話になった．この場をかりて厚く御礼申し上げたい．

2019年2月

嶺重　慎

目　　次

Chapter 1　はじめに：宇宙を学ぶということ ················· 1
  1.1　宇宙の物理とは ··· 1
    1.1.1　宇宙物理学の目標 ·· 1
    1.1.2　宇宙物理学の拓いたもの ······································· 2
    1.1.3　古代の宇宙観から現代の宇宙観へ ·························· 3
    1.1.4　宇宙物理学の特徴 ·· 4
  1.2　学ぶ準備 1. スケールとオーダー評価 ························· 5
    1.2.1　長さのスケール ··· 5
    1.2.2　物質の温度と電磁波の波長 ··································· 7
    1.2.3　明るさ，あるいは光度 ·· 8
    1.2.4　電磁波放射から探る天体の物理 ····························· 9
    1.2.5　オーダー評価の極意 ··· 13
  1.3　学ぶ準備 2. 天体とは ·· 15
    1.3.1　天体のサイズと密度 ··· 15
    1.3.2　ポテンシャルの深さを表すと ································ 16
    1.3.3　天体活動を支配する時間 ······································· 17
    1.3.4　天体のサイズを決めるもの ··································· 18
    1.3.5　静水圧平衡 ··· 19
    1.3.6　レーン–エムデン方程式 ·· 20
    1.3.7　等温球の場合 ··· 21
    1.3.8　回転円盤の場合 ··· 23
  1.4　学ぶ準備 3. 不安定性 ·· 26
    1.4.1　不安定性の一般論 ·· 26
    1.4.2　不安定性の線形解析 ··· 27
    1.4.3　不安定性に関する注意 ·· 28

Chapter 2　恒星としての太陽　29

- 2.1　太陽の概観　29
  - 2.1.1　基本量　29
  - 2.1.2　3つのプロセス　31
  - 2.1.3　太陽のエネルギー源　32
  - 2.1.4　放射によるエネルギー輸送　34
  - 2.1.5　対流によるエネルギー輸送　35
- 2.2　内部構造論　38
  - 2.2.1　基本方程式　38
  - 2.2.2　基本方程式の見方　40
  - 2.2.3　核融合炉の安全弁　41
  - 2.2.4　脈動不安定性　42
- 2.3　内部構造の検証：日震学　43
  - 2.3.1　日震学とは　44
  - 2.3.2　恒星の振動　44
  - 2.3.3　日震学でわかったこと　46
- 2.4　太陽大気の現象　48
  - 2.4.1　太陽大気　48
  - 2.4.2　彩層・コロナの加熱問題　49
  - 2.4.3　太陽大気の活動性　50

Chapter 3　恒星の構造と進化　53

- 3.1　恒星の特徴　53
  - 3.1.1　恒星の光度とスペクトル型　53
  - 3.1.2　恒星のHR図　55
  - 3.1.3　主系列星の特徴　57
  - 3.1.4　主系列星のスケーリング関係　58
- 3.2　恒星内部の原子核反応　60
  - 3.2.1　熱核反応とは　61
  - 3.2.2　ppチェイン　61
  - 3.2.3　CNOサイクル　62

3.2.4	原子核の束縛エネルギー	64
3.2.5	重元素の合成	66
3.3	恒星の内部構造と進化	68
3.3.1	軽い星の進化	68
3.3.2	重い星の進化	71
3.3.3	恒星進化のまとめ	74
3.3.4	星形成の物理	75
3.4	恒星を巡る話題	77
3.4.1	セファイド型変光星	77
3.4.2	ニュートリノによる内部構造の検証	79

Chapter 4 コンパクト天体と連星系 … 83

4.1	コンパクト天体とは	83
4.2	白色矮星	84
4.2.1	白色矮星とは	84
4.2.2	電子の縮退圧	85
4.2.3	白色矮星の質量–半径関係	85
4.2.4	チャンドラセカール質量	86
4.3	中性子星	87
4.3.1	白色矮星から中性子星へ	87
4.3.2	中性子星の質量–半径関係	88
4.3.3	パルサー：強磁場中性子星	90
4.3.4	かにパルサー	92
4.3.5	パルサーの進化	95
4.4	ブラックホール	96
4.4.1	ブラックホールの古典論	96
4.4.2	ニュートン力学から一般相対論へ	97
4.4.3	ブラックホール解と時空の歪み	98
4.4.4	光円軌道と最小安定円軌道	100
4.4.5	ブラックホールはどこに？	102
4.5	近接連星系とコンパクト天体	103

4.5.1　近接連星系の分類 ………………………………… 103
　4.5.2　連星系における質量輸送 …………………………… 106
　4.5.3　標準降着円盤モデル ………………………………… 107
　4.5.4　連星系の質量の測り方 ……………………………… 109
　4.5.5　近接連星系を巡る話題 ……………………………… 110

Chapter 5　太陽系惑星と系外惑星　114
5.1　太陽系天体 ……………………………………………… 115
　5.1.1　惑星とその定義 ……………………………………… 115
　5.1.2　太陽系惑星の特徴 …………………………………… 115
5.2　惑星各論 ………………………………………………… 117
　5.2.1　地球型惑星 …………………………………………… 117
　5.2.2　地球の際だった特徴 ………………………………… 119
　5.2.3　木星型惑星と海王星型惑星 ………………………… 119
　5.2.4　さまざまな衛星 ……………………………………… 121
5.3　惑星形成論 ……………………………………………… 122
　5.3.1　太陽系形成論の概略 ………………………………… 122
　5.3.2　原始惑星系円盤 ……………………………………… 125
　5.3.3　ダストから微惑星へ ………………………………… 127
　5.3.4　ダスト落下問題 ……………………………………… 128
　5.3.5　微惑星から原始惑星へ ……………………………… 129
　5.3.6　木星型・海王星型惑星のガス捕獲 ………………… 131
5.4　系外惑星 ………………………………………………… 131
　5.4.1　系外惑星の観測 ……………………………………… 132
　5.4.2　系外惑星の性質 ……………………………………… 136
　5.4.3　系外惑星の形成 ……………………………………… 136

Chapter 6　銀河系と系外銀河　139
6.1　銀河系とは ……………………………………………… 139
　6.1.1　天の川と天の川銀河 ………………………………… 139
　6.1.2　いろいろな波長でみた銀河系 ……………………… 140

目　次

- 6.1.3　銀河系の形 ……………………………………………………… 142
- 6.1.4　銀河系の全体構造 ………………………………………………… 143
- 6.1.5　銀河系にあるもの：星団 ………………………………………… 145
- 6.1.6　銀河系にあるもの：星間ガス …………………………………… 146
- 6.2　系外銀河 …………………………………………………………………… 148
  - 6.2.1　系外銀河の発見 …………………………………………………… 148
  - 6.2.2　銀河の分類 ………………………………………………………… 149
  - 6.2.3　系外銀河の各論 …………………………………………………… 150
  - 6.2.4　銀河までの距離 …………………………………………………… 152
  - 6.2.5　巨大ブラックホール ……………………………………………… 154
  - 6.2.6　ダークマター ……………………………………………………… 155
- 6.3　銀河の構造と活動 ………………………………………………………… 156
  - 6.3.1　銀河構造の特徴 …………………………………………………… 156
  - 6.3.2　衝突する銀河 ……………………………………………………… 159
  - 6.3.3　スターバースト銀河 ……………………………………………… 160
  - 6.3.4　クェーサーと活動銀河核 ………………………………………… 161
  - 6.3.5　ブラックホールと母銀河の相関 ………………………………… 162
- 6.4　銀河団 ……………………………………………………………………… 163
  - 6.4.1　銀河団 ……………………………………………………………… 163
  - 6.4.2　銀河間ガス ………………………………………………………… 164
  - 6.4.3　クーリングフロー問題 …………………………………………… 165

Chapter 7　現代の宇宙論 …………………………………………………… **167**

- 7.1　膨張する宇宙 ……………………………………………………………… 167
  - 7.1.1　ハッブル-ルメートルの法則 ……………………………………… 167
  - 7.1.2　一般相対論と宇宙膨張 …………………………………………… 170
  - 7.1.3　宇宙論的赤方偏移 ………………………………………………… 171
  - 7.1.4　宇宙膨張方程式 …………………………………………………… 172
  - 7.1.5　宇宙の臨界密度 …………………………………………………… 174
  - 7.1.6　加速膨張する宇宙 ………………………………………………… 175
- 7.2　ビッグバン宇宙論 ………………………………………………………… 178

7.2.1	宇宙マイクロ波背景放射	178
7.2.2	宇宙初期元素合成	179
7.3	天体形成論	181
7.3.1	密度ゆらぎの成長	181
7.3.2	2つのダークマターモデル	184
7.3.3	宇宙の大規模構造	185
7.3.4	銀河の形成	188
7.4	宇宙の歴史	189
7.4.1	概 観	189
7.4.2	宇宙の晴れ上がり	192
7.4.3	インフレーションと宇宙の始まり	194

参 考 文 献 ……………………………………………… 197
索　 引 …………………………………………………… 202

コラム

A	パーセク（pc）とは	6
B	宇宙物理学研究でしばしば見られる例	14
C	セレンディピティ	14
D	自由落下時間	20
E	等温ガス球の自己相似収縮	23
F	無次元量の含蓄	25
G	星のヴィリアル定理	33
H	ヴィリアル定理から	43
I	ジーンズ不安定性	76
J	宇宙膨張の解析解	177
K	膨張宇宙におけるジーンズ不安定性	183
L	線形成長から非線形成長へ	187

Chapter 1

はじめに：宇宙を学ぶということ

　この章では，宇宙の物理（宇宙物理学[*1)]）の目標や特徴，基本的な考え方など，宇宙物理学を学ぶにあたって必要な事項について述べる．

　まず，宇宙の物理という学問の目的や歴史，特徴について簡単に紹介する（1.1節）．次いで，宇宙の物理を学ぶための準備を行う．具体的なテーマは，スケールの大きく異なる宇宙の現象を扱うために必要なオーダー評価（1.2節），天体に関するイメージをつかんでもらうための考察（1.3節），天体活動の源である不安定性の基本的考え方（1.4節）である．

■ 1.1 宇宙の物理とは

　まずはおおまかなイメージをつかんでもらうために，宇宙物理学の目標や特徴，アプローチの方法について述べよう．

1.1.1 宇宙物理学の目標

　なぜ宇宙物理学を学ぶのか？　人によってさまざまである．

　「宇宙にはどんなものがあるのかを知りたい」「宇宙を支配する法則を理解したい」「宇宙に果てはあるのか，始まりはあるのか？」「私たちはどこから来たのかについて科学的に考えたい」「星空を眺めるのが好きだから」「地球以外にも生命がいる星があるのか，調べてみたい」などなど．しかし共通して背後にあるのは，私たちという存在を生み出した宇宙のもつ広さ，深さ，その悠久の時の流れに対するあこがれともいうべき，人としての切なる思いであろうか．そして究極

[*1)] 厳密にいえば（研究史の観点からは），「宇宙物理学」と「天文学」とは微妙にニュアンスが異なるのだが，混乱を避けるため，本書では区別しない．

的には「宇宙の学びを通して人間と宇宙のつながり，ひいては人間とは何かを深く理解する」ことになるのだろうと，個人的には感じている[*2]．

宇宙の理解という意味では，哲学的や宗教的，心理学的，文学的など，さまざまなアプローチがある．それはそれで大変興味深いことであるが，宇宙物理学がそれらと一線を画する点は「実証科学」であるという点にある．実験・観測による検証をもとに学問を打ち立てるところに，宇宙物理学のアプローチの特徴があるのである．本書においてもこの点を強調する[*3]．

1.1.2 宇宙物理学の拓いたもの

宇宙物理学（天文学）の歴史は，地上の実験などで明らかにされたさまざまな物理の法則が，宇宙でもなりたっていることを証明してきた歴史であったということができる．

かつて天上の世界と地上の世界は厳密に区別されていた．すなわち，天上は神さまの住んでおられる，神さまが支配しておられる（人間の手が届かない）神話の世界であった（表1.1）．しかしながら，地球上における実験や観察をベースに物理法則が発見され，それを宇宙に応用することによってわれわれが手にした物理法則は，かなりの部分がそのまま，天体にも宇宙自体にも応用できるらしいことがわかってきた．こうして，多くの天体現象の謎が解明されてきた．それが宇宙物理学（天文学）の進歩といえる．

表1.1 昔の宇宙観から現代の宇宙観へ

	世　界	特　徴
昔の地上観と天上（宇宙）観	地上＝人間が住み，支配する世界 （人間が理解できる世界）	諸行無常 *
	天上＝神さまが住み，支配する世界 （人間には理解できない世界）	永劫不変
現代の宇宙観	宇宙の現象も地上の法則を用いて人間が（ある程度）理解し得る！	宇宙は進化し，天体は活動する

＊「よどみに浮かぶうたかたは，かつ消えかつ結びて，久しくとどまりたるためしなし」（鴨長明，『方丈記』）

[*2] 尾崎（2010）で述べられていることでもある．
[*3] 本書では，実験や観測が困難な宇宙創成や初期宇宙の物理には触れない．

例をあげよう．白色矮星や中性子星は，「縮退圧」という量子力学的なミクロ・プロセスが，マクロな物体として現実世界に現れたものである．中性子星やブラックホールは，壮大な一般相対性理論（以下，一般相対論）の実験場である．素粒子物理学は初期宇宙の研究と，原子核物理は恒星の内部構造や宇宙における元素合成理論と，それぞれ密接に結びついている．原子物理学は，さまざまな波長のスペクトル観測から宇宙における物質の存在形式を教えてくれる．宇宙の世界でも「非平衡」「非線形」といったキーワードが注目され，宇宙における多彩な活動性の源として，その解明が期待されている．

今や宇宙物理学は，「応用」としてではなく，「基礎」物理を解明する舞台として注目されている．2011年のノーベル物理学賞は超新星の観測家に与えられた．超新星の観測を通して，宇宙は加速膨張していることを発見したことがその授賞理由である．またダークマター（暗黒物質）もダークエネルギーも，その正体解明には宇宙の観測が重要な役割を演じるだろう[4]．2016年初頭には，一般相対論そしてブラックホールの直接証明ともいうべき重力波の初検出の報に世界が沸いた[5]．

1.1.3　古代の宇宙観から現代の宇宙観へ

では，こうして獲得された現代の宇宙観とはどういうものだろう．観念上の産物であった古代の宇宙観とは，どこが大きく異なるのだろうか．ここでは大きく変革した点を2つあげておきたい．

1) ダイナミックに活動する宇宙

まずは，「静的な宇宙」から「ダイナミックに活動する宇宙」への変遷である．その昔，地上と異なり，天上の世界は「不変」であると信じられていた[6]．実際，太陽は数十億年，ほぼ同じように光りつづけ，地球上で数十億年かけて人間という存在を生み出すことに大きく貢献した．

ところが，宇宙物理学の発展にしたがい，宇宙も地上と同様に活動し，刻々と姿を変えていることがわかってきた．もっとも，変化するとはいっても，超新星

---

[4]　同様のことは，物理学に限らず化学や生物学にもあてはまるだろう．
[5]　翌年の2017年，この重力波の初検出に携わった研究者がノーベル物理学賞を与えられた．
[6]　アインシュタインも「定常宇宙」（宇宙は変化しないという考え方）にこだわり宇宙項を付け加えた（7.1.6項）．

爆発のような例外を除けば，数百万年，数億年といった長大な時間スケールの現象であり，変化のようすがなかなか理解されなかったのも当然である．

2) 見えないものが宇宙現象をコントロールする

第二に，「見えないものが宇宙現象をコントロールする」という理解である．その好例は，ダークマター，ダークエネルギー，ブラックホールである．もっとも，古くから知られていた重力や磁場も，厳密には「目に見えない」わけで，宇宙の現象はこうした見えないものでコントロールされてきた．だからこそ，見えないものをみようとする努力が必要となり，「創意工夫に満ちた観測・実験装置が，さらに深く豊かな宇宙像を生み出す」（次項）ことになるのである．

1.1.4 宇宙物理学の特徴

宇宙物理学（天文学）の特徴と思われるものを列挙してみよう．

1) 極めて限られた情報をもとに最大限の知見を得る

天体現象を理解するとき，多くの場合，その情報源はわずかに一条の光（電磁波）のみである．その一条の光からいかに多くの情報を引き出すかが，宇宙物理学研究の醍醐味といえよう．歴史的にみると，天体観測は，**測光観測**（光の強度を測ること）から始まった．1等星，2等星という言い方がその名残である．測光のしかたにもいろいろあり，UBV測光というのはそれぞれ決まった波長の光のみを通すフィルターを通して天体の明るさ（光度）を測り，全波長域での光度を推し量ったり色をみたりする方法である．

次に，**分光観測**が始まった．すなわち，光を多くの波長の光に分けて波長ごとの光の強度を測るものであり，これにより輝線（原子構造で決まる特定の波長で光強度が強くなるもの）や吸収線（特定の波長で光強度が弱くなるもの）といった概念が確立した．さらに銀河や星雲など，広がった天体の観測においては空間情報も重要になる．いわゆる**撮像観測**はまさに天体の画像を得るもので，人間の感覚に最も近い観測といえよう．

これら，測光，分光，撮像観測は可視光でまず実現したが，その後，電波，赤外線，紫外線，X線，γ線といった**多波長**域に広がっていった．現在ではそれに加え，電子や**ニュートリノ**などの粒子をとらえる天文学も発展しており，そして2016年，ついに**重力波**天文学という全く新しい手段による天文学も開花したのである．

2) しっかりした物理法則の理解と想像力（独創性）がものをいう

　宇宙物理学（天文学）は，地上で実証された物理法則が宇宙を舞台にも成立していることを実証してきたと 1.1.2 項で述べた．したがって，しっかりした物理法則の理解が宇宙物理学研究に欠かせないことは容易に理解できる．一方で，宇宙という現場は，地上とは大きく異なる．地上では決して起こらないような現象も起こり得る．そこで，しっかりした物理法則の理解に加え，柔軟な想像力も研究に必要となる．

3) 創意工夫に満ちた観測・実験装置が深く豊かな宇宙像を生み出す

　一般に天体の構造を調べるとき，定常状態だけでは不十分で，何らかの刺激が与えられたときにそれにどう反応するかをみることが有益である．宇宙物理学はほかの物理と違って，自由に実験装置を設置して条件設定して実験を行うといったことができない．したがって，天体がさまざまな刺激に対応するかを調べるのは，多分に「運まかせ」ということになる．だからこそ，天体の活動性をそれが起こった瞬間に即刻とらえ，情報を引き出す手段が必要となる．このようにして，現在の宇宙像が獲得されたのである．

4) 得られた宇宙観は，広く人間の生き方にも影響を与え得る

　宇宙は一般に人気がある．近年の「はやぶさ人気」がその好例であるが，多くの人が，宇宙にはどんなものがあるのか，最近どういう研究進展があったか，関心を抱いているように思われる．もはや「ブラックホール」は専門用語ではなく，巷によく知られたことばであり，近年では，ダークマターやダークエネルギーも市民権を得そうな雰囲気である．このように，研究最先端の知識がマスコミなどで報道され，科学館などで一般講演され，市民へと伝えられる機会に恵まれている学問もめずらしいかもしれない．

1.2　学ぶ準備 1．スケールとオーダー評価

　宇宙物理学の学習における最重要キーワード「オーダー評価」について説明しよう．これは天体（1.3 節）を理解するための基本である．

1.2.1　長さのスケール

　天体を特徴づける量として「長さ」を考える．宇宙物理学で扱う長さスケール

はじつに幅広い．実際，小は素粒子レベル（10^{-18} m 以上）から，大は宇宙の大規模構造（10^{26} m）まで，何と40桁以上にも及ぶ．そしてそれぞれが階層をなしているのが特徴である．

表1.2に，本書で頻出する長さスケールをあげておいた．宇宙のスケールはあまりにも大きいため，通常のものさし（mやcmなど）のほかに，光の速さ（3×10^8 m s^{-1}）でかかる時間によって表すことも多い．そのため，表1.2では2つの方法で長さを表した．

このように長大なスケールの差を扱う宇宙物理学であるが，物理過程が共通する場面も多々あり，そこが宇宙物理学のおもしろさといえる．学習においては，分野を絞らず，幅広い興味をもつことが肝要である．

表1.2 天体の大きさや距離のスケール

（記号）	天体の諸量	長さスケール	光速でかかる時間
R_{NS}	中性子星半径 *	10 km（10^4 m）	0.03 ミリ秒
$R_\oplus$ (R_{WD})	地球半径 （〜白色矮星半径 *）	6,400 km（6.4×10^6 m）	0.02 秒
$R_\odot$	太陽半径	70万 km（7.0×10^8 m）	2.3 秒
1 au	天文単位 （太陽・地球間距離）	1億5000万 km（1.5×10^{11} m）	500 秒
1 pc	星と星の距離 *	3×10^{16} m	3.3 年
10 kpc	銀河半径 *	3×10^{20} m	3.3 万年
1 Mpc	銀河と銀河の距離 *	3×10^{22} m	330 万年
3 Gpc	宇宙（地平線）半径 **	1.4×10^{26} m	140 億年

* いずれも典型的な値を示す．pc（パーセク）についてはコラムA：パーセク（pc）とは参照．
** 宇宙膨張を考慮するとじつはもっと大きな領域まで見通せる．

| コラムA | パーセク（pc）とは |

近い星までの距離は，地球の公転を利用した三角測量で求める．すなわち，地球の公転運動に伴い，恒星の天球上での位置が微妙に変化することを利用して三角測量するのである（図A.1）．

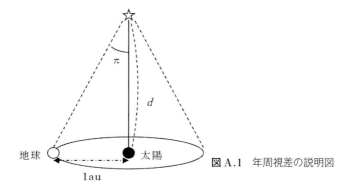

図 A.1　年周視差の説明図

半年における位置の変化量の半分を年周視差（π）という．図 A.1 より，年周視差が π ラジアンの恒星までの距離は

$$d = 1\,[\text{au}]/\pi(\text{ラジアン}) \tag{A.1}$$

となることがわかる．ここで 1 au（1 天文単位）は地球と太陽間の距離，1 ラジアンは $180°/3.14 \sim 57°$ だから 1 秒角 $\sim (1/57/60/60)$ ラジアン $\sim 0.5 \times 10^{-5}$ である．1 秒角の年周視差を与える距離 1 pc は

$$d = 1\,[\text{au}]/(1/57/60/60) = 3.0 \times 10^{16}\,[\text{m}] \sim 3.26\,[\text{光年}] \tag{A.2}$$

で，おおよそ太陽系近傍における恒星間距離である．ちなみに，太陽に一番近い恒星はケンタウルス座 α 星で，年周視差は $\pi = 0.75$ 秒だから，距離は 1.3 pc（4.3 光年）である．

1.2.2　物質の温度と電磁波の波長

天体を特徴づける量として，スケールとともに温度も重要である．というのも，温度は天体の構造に大きく影響し，かつ電磁波観測によりほぼ直接測定できる量だからである．天体はその（表面）温度 T に対応した波長 λ（あるいは振動 ν）の光（電磁波）を放射する．

$$\lambda = hc/(kT) \quad \text{または} \quad \nu = kT/h \tag{1.1a}$$

ここで h はプランク定数，k はボルツマン定数である．

表 1.3 に，光子のエネルギー，波長，振動数と，対応する温度と電磁波放射の対応関係をまとめた．それによると，たとえば恒星の場合，表面温度が数千～数万度なので，波長は数百 nm で可視～紫外の光を出すことがわかる．また，数十

表 1.3 エネルギーのさまざまな単位

電子ボルト (eV)	ジュール (J)	波 長 (m)	振動数 (Hz)	温 度 (K)	電磁波
10^{-3}	1.6×10^{-22}	1.2×10^{-3} (1.2 mm)	2.4×10^{11}	1.1×10	電波
1	1.6×10^{-19}	1.2×10^{-6} (1.2 μm)	2.4×10^{14}	1.1×10^{4}	紫外線
10^3 (1 keV)	1.6×10^{-16}	1.2×10^{-9} (1.2 nm)	2.4×10^{17}	1.1×10^{7}	X 線
10^6 (1 MeV)	1.6×10^{-13}	1.2×10^{-12} (1.2 pm)	2.4×10^{20}	1.1×10^{10}	γ 線

K の星間ガスは波長が数 mm の電波を，表面温度が 1 千万度になる X 線星は，文字通り X 線を放射する．

簡単に見積もるにはウィーンの変位則が有用である．これは光量最大の波長を λ_{max} として

$$\lambda_{max} T \sim 0.3 \, [\mathrm{cm\,K}] \quad (1.1\mathrm{b})$$

と書ける．ただし，ここで述べたことがらは $kT \sim h\nu$ の関係がなりたつ熱的 (thermal) 放射にのみ適用されることに注意されたい[*7]．

1.2.3 明るさ，あるいは光度

星の明るさを**等級**で表すことはおなじみのことだろう．星は，1 等星，2 等星，… と順に暗くなる．等級が 1 等級増えるごとに光量はおおよそ 1/2.5 に，5 等級大きいと光量は 1/100 になる．一番明るい恒星シリウスはおおよそ −2 等，太陽は ～−27 等，満月は ～−13 等である．このことは，恒星以外の天体でも同様である（が，可視光や赤外線以外ではあまり使わない）．

日常で使う 1 等星，2 等星ということばは，地上で見たときの明るさを表しており，専門用語では**見かけの等級**[*8]とよばれる．一方，1 等級暗くなるごとに光

[*7] シンクロトロン放射などの非熱的（non-thermal）放射にはあてはまらない．実際数千万度のガスもシンクロトロン放射により電波で明るく光る．なお，(1.1a) 式と (1.1b) 式とは定数倍ずれていることに注意．その理由は Rybicki and Lightman (1979) p.24 を参照．

[*8] 英語で "apparent magnitude".

量が 1/2.5 になることから，見かけの等級（m）と見かけの明るさ（あるいは見かけの光度 ℓ）の間には

$$m = -2.5\log(\ell) + \text{const.} \tag{1.2}$$

なる関係があることが理解できるだろう[*9)]．

同じ明るさの天体でも，遠くにおけばおくほど，見かけの明るさは暗くなることは自明のことである．そのため，天文学を議論するときは，見かけではなく，真の明るさが大事な量になる．そこで，単位時間あたりに天体全面から放射される電磁波エネルギー量を**光度**[*10)]とよぶ．見かけの光度（ℓ），光度（L）と距離（d）との間には

$$\ell \propto L/d^2 \tag{1.3}$$

の関係がある．また天体を 10 pc の距離においたときの等級を，**絶対等級**[*11)]とよぶ．(1.2) 式と (1.3) 式を組み合わせれば，見かけの等級 m と絶対等級 M の間には以下の関係があることがわかる．

$$m = M + 5\log(d/10\,\text{pc}) \tag{1.4}$$

この等級の差（$m-M$）は距離の指標となるので，**距離指数**とよばれる．

ここで光度の基準として，太陽光度（$L_\odot = 3.85 \times 10^{26}\,\text{J s}^{-1}$）を導入しよう．その絶対等級は 4.82 等なので，以下が成立する．

$$M = 4.82 - 2.5 \times \log(L/L_\odot) \tag{1.5}$$

1.2.4 電磁波放射から探る天体の物理

1.1.4 項で少し触れたが，観測には測光観測（photometry），分光観測（spectroscopy），撮像観測（imaging）などの区別がある．

測光観測（photometry）　天文学研究の基本は，望遠鏡に入る光量を測る（「測光」する）ことである[*12)]．まずは光を集めるだけだったのがその後，波長情報も簡易に，しかし有効に得る工夫としてフィルターを広く用いるようになった．特定の波長域の光のみを選別し，その光の強度を測定するのである．

20 世紀に盛んに行われたのは，U（ultra violet），B（blue），V（visual）の 3

[*9)] 本書では特に断らない限り対数の底は 10 ととる．$\log(2.5) \sim 0.4$ となる．
[*10)] 英語で "luminosity"．なお本書では「明るさ」と「光度」をほぼ同じ意味で使う．
[*11)] 英語で "absolute magnitude"．
[*12)] 乾板は光を受けると淡い色がつく．その微妙な濃さの違いを測定し光量を割り出す．筆者の学生時代は，この「光を測る」実習が必修科目であった．

つのフィルターを通した測光である．それぞれ，紫外（U）等級，青色（B）等級，実視（V）等級とよばれる．

すなわち，周波数 ν における光度を $L_\nu d\nu$ とおいて

$$L_X = \int L_\nu \phi_X(\nu) d\nu \qquad X = U, B, V \qquad (1.6)$$

となる．ここで $\phi_X(\nu)$ はフィルターの透過率を表す（図 1.1）．これらを **UBV 光度**とよび，それぞれに対応する等級が **UBV 等級**である．これに対し，フィルターなしの光度を**全光度**[*13)]とよぶ．

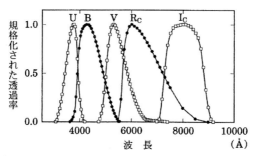

図 1.1 可視（UVB）フィルターおよび赤外フィルター（R_C）の透過率（野本ほか編『恒星』図 1.5）
なおこの図では透過率の最大を 1.0 にしてある．

温度が低い天体ほど，そのスペクトルピークは長波長にシフトするので，V バンドの明るさを基準にすると B バンドで暗くなる（B 等級が大きくなる）傾向が出てくる．すなわち，**色指数** B−V（B 等級 −V 等級）は大きくなる．色指数が大きいほど色は赤く，温度は低くなる．ちなみに，おおよそ

$$B - V = \frac{9000}{T(\mathrm{K})} - 0.85 \qquad (1.7)$$

の関係があることが知られている．こうして，3 色で測光をすると，天体の温度をおおよそ見積もることができるのだ．

ここで次のような疑問が出てくるだろう．「それだけだと 2 色で十分ではないか，なぜ 3 色必要なのか？」

[*13)] 英語で "bolometric luminosity".

もっともな疑問である．答えは**星間赤化**[*14)]があるからである．星間赤化とは，星からの光は星間物質によって吸収・散乱されて，色が赤いほうに（波長の長いほうに）シフトすることをいう．その影響のしかたは U–B と B–V で異なるので，3 色使って初めて天体の色と星間赤化の値を両方求めることができるのである[*15)]．

分光観測　　天体からの光をプリズムや回折格子などで波長ごとに分け，その強度分布を調べる観測である．波長ごとの光の強度分布をスペクトルという．スペクトルは連続スペクトル（連続成分）と線スペクトル（線成分）とに分けることができる．

連続スペクトルは，恒星の場合，ほぼ黒体放射（後述）となる．物質の温度に依存して光強度最大の中心波長が決まる．

線スペクトルは，電磁波を放射するガスを構成する原子に特有な波長における吸収（吸収線あるいは暗線）や再放射（輝線）である．その波長は電子のエネルギー順位で決まるので，線スペクトルの波長や幅を調べると，元素組成はもちろん，原子の電離状態，運動，磁場強度など，さまざまな知見が得られる．たとえば図 1.2 は太陽の可視光域スペクトルだが，太陽大気を構成する元素による吸収線（暗線）がよく見える．

図 1.2　太陽の可視光スペクトル（京大飛騨天文台）［口絵 1 参照］

黒体放射　　物体と放射が平衡状態にあるときに出てくる放射が黒体放射であり，そのスペクトルは

$$B_\nu(T)d\nu = \frac{2\pi h\nu^3}{c^2}\frac{1}{\exp(h\nu/kT)-1}d\nu \tag{1.8}$$

[*14)] 星間赤化には，ダストとよばれる，数 μm サイズの固体微粒子が大きく寄与する．そしてその大きさはダストのサイズ分布や種類に大きく依存する．観測量から，元の物質が出す光を求めるときに困難を極める因子でもある．

[*15)] 色の原点として A 型主系列星に対し U–B=0，B–V=0 と定義するのが慣例である．恒星のスペクトル型については 3.1.1 項参照．

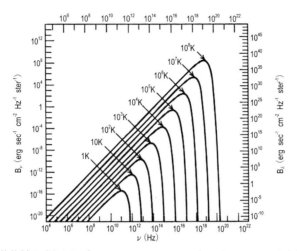

図 1.3 黒体放射スペクトル（Rybicki and Lightman (1979) Fig. 1.11 をもとに改変）

で表される（図 1.3）．（これは「単位時間に単位面積を通過する単位振動数あたりの放射エネルギー流量」を表す．「単位立体角あたりの」という条件を追加した定義では，(1.8) 式を π で割ったものになる．）低周波数（長波長）側ではレイリー・ジーンズ放射

$$B_\nu(T)d\nu \sim \frac{2\pi\nu^3}{c^2}kTd\nu \qquad \text{for } \nu \ll kT \tag{1.9}$$

となり，高周波数（短波長）側ではウィーンの法則

$$B_\nu(T)d\nu = \frac{2\pi h\nu^3}{c^2}\exp(-h\nu/kT)d\nu \qquad \text{for } \nu \gg kT \tag{1.10}$$

が成立する．積分すると

$$B = \int B_\nu(T)d\nu = \sigma T^4 \tag{1.11}$$

となり，黒体放射する恒星の光度と表面温度の間には

$$L = 4\pi R^2 \sigma T^4 \tag{1.12}$$

の関係がある．ここで σ はシュテファン・ボルツマン定数，R は星の半径である．

1.2.5 オーダー評価の極意
一般に，宇宙物理学という学問は，以下のように進展する．

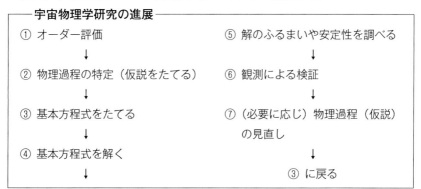

すなわち，オーダー評価とは学問の根幹に関わる作業であり，そのくせをつけることは，新しい学問の開拓なる観点において極めて大事である．ここでオーダー評価というのは，桁の見積もりであり，10以下の数字はとりあえず落として値を見るという大胆さが必要となる．この大胆さを数式に表すとき，本書では「~」という記号を用いる．たとえば「$a \sim 1$」という数式は，「a の値は 0.1 より大きいが 10 よりは小さい，その間のどこか」ということを意味する．

もしかしたら，読者の皆さんにこの考え方はぴんとこないかもしれない．というのも，大学までの学校教育において方程式は与えられるもので，それを正確にかつ短時間で解くという作業に高い評価が与えられるからである．受験がその典型で，限られた時間に問題を解くには解き方の定型を覚えるほうが効率がよい．

しかしながら，それでは「新たな学問を構築する」ことにつながらない．独創性は生まれてこないのである．むしろ，式にするまでのところが大事であり，またおもしろいということを強調したい．そしてそのほうが現象の，より深い理解に至るのである[*16]．

[*16] これはほかの分野でもある程度あてはまることだが，どうがんばっても手が届かない現象を取り扱う宇宙物理学研究においてこそ，その真価が問われるのだ．

| コラム B | 宇宙物理学研究でしばしば見られる例 |

新規な天体の発見
（偶然見つかるケースも多い．コラム C 参照）
↓
似たものはないかと探索開始
（主導権争いが始まる）
↓
2例目・3例目の発見
（互いに「私が先だ」と主張し合う）
↓
type I，type II などと分類が始まる
↓
亜種発見
（特徴を誇張して「発見」と主張する）
↓
分類が確立する
（分類名は命名者ごとに異なることも）

↓
例外天体の発見
（これこそ宇宙物理学研究の醍醐味！）
↓
理解が混沌とし論文（データ）だけが増えていく
↓
分野研究者の平均年齢が毎年1年ずつ上がっていく
⋮
↓
しだいに忘れ去られる
または
天才が現れて新たなブレイクスルーが起こる（まれ）

| コラム C | セレンディピティ |

　セレンディピティ（serendipity；「予想外の発見」の意）という言葉を聞いたことがあるだろうか．概して頭の良い人は，すべてわかった気になっているから，その場から動かない，あえて冒険しない．だから「予想外の発見」もない．一方で，「自分は頭が悪い」と自覚している人は，仕方なく歩き回ったり手を動かしたりする．とんでもない失敗もする．しかし，その失敗から思いもよらない発見を手にすることがあるのだ．これがセレンディピティで，ノーベル賞に至った例も多々ある．

　だから「自分は頭が良くないからいい研究はできない」という考えは捨てよう（そう信じている学生がじつに多い）．ただし絶えず目を光らせ歩き回ること，努力することはいつの世にも大切である．

　「人と違うことを言うことを恐れるな．」（利根川進：ノーベル賞受賞者）

1.3 学ぶ準備 2. 天体とは

自己重力に束縛された系，天体を多角的にとらえてみよう．

1.3.1 天体のサイズと密度

天体を特徴づける 2 大物理量はサイズ（大きさ）と質量である．それらから密度（場合によっては温度）も決まる．図 1.4 に宇宙にあるさまざまな天体のサイズと密度の間の関係を示した．この図から何が読みとれるか，先を読む前にしばらく考えてみてほしい．

まず，ダイナミックレンジ（変化の幅）が大きいことはすぐわかる．縦軸の数値は 50 桁，横軸は 45 桁にも及ぶ．また，ブラックホールの領域が広いこともすぐわかるだろう．さて，天体の多くはブラックホールの境界線にへばりつくように分布していることに気がついただろうか．一方で，原子，原子核はブラックホールの線からは遠いところに位置している．これはいったいどういうことか．

このことを理解するために，重力ポテンシャルの深さ（$\Psi = -GM/R$）を表す

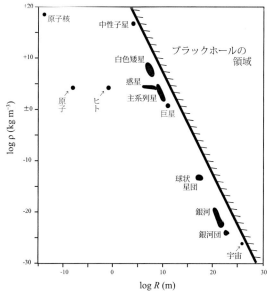

図 1.4　さまざまな天体のサイズ－密度関係（池内『観測的宇宙論』図 1.1 をもとに改変）

指標として**脱出速度**を導入しよう．脱出速度とは，物体が天体の重力を振り切って無限遠に飛び出すのに必要な最小限の速度をいう．このとき物体の全エネルギーとは，重力エネルギーと運動エネルギーの和であるから，無限遠に達するとき，全エネルギーはちょうどゼロとなるはずである．すなわち

$$(-GMm/R)+(1/2)mv^2=0 \tag{1.13}$$

と書ける．ここで G は万有引力定数，M, R, m はそれぞれ天体の質量とサイズ，物体の質量である．この式を変形して脱出速度の表現を得る．

$$v > v_{esc} \equiv \sqrt{2GM/R} \tag{1.14}$$

ブラックホールの領域は，脱出速度が光速以上になる領域ともいえ，

$$\sqrt{2GM/R} > c \;\rightarrow\; \bar{\rho} \equiv 3M/(4\pi R^3) > 3c^2/(4\pi G R^2) \propto R^{-2} \tag{1.15}$$

というふうに書ける．ここで $\bar{\rho}$ は平均密度である．

一般に，天体のポテンシャルの深さは，脱出速度（あるいは自由落下速度）を使って表現することができる．ブラックホールの線（$GM/R \sim c^2$）に近い天体ほど，脱出速度が光速に近く，それだけポテンシャルが深いこと，すなわち，自己重力でより大きくつぶされた存在であることを意味する．天体のアイデンティティは「自己重力に束縛された存在」という点にある．したがって，重力ポテンシャルの深さが天体のありようを特徴づける基本量となるのである．

1.3.2 ポテンシャルの深さを表すと

天体の重力ポテンシャルの深さを，いろいろな形で表してみよう（表1.4）．なお，いろいろな表現の背後には，エネルギーバランスないしはエネルギー変換といった物理過程が隠れている．このことをふまえて考えてみよう．

脱出速度でいうと，太陽の脱出速度はおおよそ数百 km s^{-1} である．白色矮星はほぼ同じ質量でサイズがおおよそ 1/100 だから脱出速度は 10 倍の数千 km s^{-1}，中性子星は白色矮星のさらに 1/1000 の大きさなので脱出速度はその 30 倍，おおよそ光速近くに達する．また，ポテンシャルが深いほど，ガス温度は高い傾向にあり，より高エネルギーの電磁波を放射することも推論できる．ブラックホールなどのコンパクト天体の観測や研究が X 線天文学により花開いた意味がここにある（4.4.5項）．

1.3 学ぶ準備2. 天体とは

表1.4 ポテンシャルの深さを表す諸量

物理量	数 式	関係する観測量
脱出速度	$v_{esc} \sim \sqrt{2GM/R}$	ガスの自由落下速度・回転速度，天体の重力崩壊速度
赤方偏移	$\Delta\lambda/\lambda \sim \sqrt{GM/Rc^2}$	天体表面からのスペクトル線の波長の伸び
速度分散	$\sigma \sim \sqrt{GM/R}$	星団や楕円銀河中の恒星の運動速度
ヴィリアル温度	$T_{vir} \sim GMm_p/(kR)$ (m_pは陽子質量)	天体近傍のガス温度（熱放射スペクトルの折れ曲がり）
音速	$c_s \sim \sqrt{P/\rho} \sim \sqrt{GM/R}$	振動（音波モード）の周期*

* 静水圧平衡（1.3.5項）を仮定した．

1.3.3 天体活動を支配する時間

天体を記述する上で最も基本的な時間スケールは，**動的時間**（dynamical timescale）である．動的時間とは，系が平衡状態からずれて状態がどんどん変化する時間スケールのことで，たとえば恒星など自己重力で支えられた天体の場合，仮に圧力がゼロになったときに天体が重力収縮する時間に相当する（1.3.5項コラムD：**自由落下時間**参照）．

$$t_{dyn} = \pi\sqrt{R^3/GM} \sim 1/\sqrt{G\rho} \tag{1.16}$$

具体的に数字を当たってみよう．太陽の動的時間は，

$$t_{dyn} \sim \pi\sqrt{R_\odot^3/GM_\odot} \sim 10^{3.6} \text{ [s]} \sim 1 \text{ [hr]} \tag{1.17}$$

と1時間のオーダーであることがわかる[17]．太陽のような，日常感覚からいうと桁違いに大きく，桁違いに長寿命の天体でも，動的時間は意外と日常感覚の時間になることが興味深い．なおこの時間は，星などが振動する時間スケールに相当し，観測量でもある[18]．

次に，恒星が生まれる現場，分子雲コアを考えてみよう．その密度はおおよそ $\rho_{MC} \sim 10^{-18}$ kg m^{-3} で与えられるので，

$$t_{dyn} \sim 1/\sqrt{G\rho_{MC}} \sim 10^{14.5} \text{ [s]} \sim 10^{6.5} \text{ [yr]} \tag{1.18}$$

となり，星形成には数百万年かかることがわかる．

---

[17] ここで，$GM_\odot \sim 10^{20.1}$ m^3 s^{-2} と $R_\odot \sim 10^{8.8}$ m という値を代入した．このように，物理基礎定数や天文の諸定数を対数で覚えておくと便利である．

[18] 2.3節参照．

最後に宇宙を考える．平均密度として $\rho_{\rm crit} \sim 10^{-26}\,{\rm kg\,m^{-3}}$ を使うと[19]，

$$t_{\rm dyn} \sim 1/\sqrt{G\rho_{\rm crit}} \sim 10^{18}\,[{\rm s}] \sim 10^{10.5}\,[{\rm yr}] \tag{1.19}$$

となる．実際，宇宙の構造形成は100億年オーダーで進行する[20]．

1.3.4 天体のサイズを決めるもの

天体の大きさは，みずからをつぶそうとする自己重力に，何らかの反発力が効いて形を保っている．星の場合，それはガス圧や放射圧であり，銀河や恒星系の場合は星のランダムな運動がそれに相当する（表1.5）．

したがって，系を特徴づける速度は星の場合は音速で，中心温度を1000万度としておおよそ3000 km/s（光速の1/100），銀河や恒星系の場合は速度分散（数百 km/s で光速の1/1000）となる．3桁という差は大きいようだが，図1.4に表すと決して大きくないことがわかる．

以上のことをふまえて1.3.1項の話に戻ると，天体の位置がブラックホールの線に近いということは，天体は巨大な自己重力に激しく抵抗して，その大きさを保っていることを意味するのである．その抵抗する力は天体によって異なる．それに対し，電子，陽子などの素粒子は，自己重力で形を保っているわけではないので，ブラックホールの線からは遠い位置にある．

このように，オーダー評価から多くのことを理解することができる．

表1.5 天体のサイズを決めるもの

原理	数式	説明
静水圧平衡	$GM\rho/R = -dP/dR$ $\to R \sim GM/c_s^2$	圧力による支え（c_s は音速）
速度分散	$R \sim GM/\sigma^2$	（星の）ランダム運動による支え
遠心力	$GM/R^2 \sim v_\phi^2/R$ $\to R \sim \ell^2/(GM)$	遠心力による支え（$\ell = rv_\phi$ は比角運動量[*]）
重力的につぶれた天体	$R \sim GM/c^2$	ブラックホールの事象の地平面（後戻りできない）半径

* 単位質量あたりの角運動量（英語では "specific angular momentum"）．

---

[19] これは宇宙の臨界密度とよばれる密度に相当する（7.1.5項参照）．
[20] 第7章参照．

1.3.5 静水圧平衡

 天体とは，先に述べたように自己重力で束縛されている系である．すなわち，押しつぶそうとする自己重力に対し，ガスや放射（あるいは構成粒子のランダム運動）が生み出す圧力で対抗して形を保っている．したがって，その大きさは両者の釣り合いで決まる．これが**静水圧平衡**[*21)]で

$$-\frac{1}{\rho}\frac{dP}{dr} = \frac{GM_r}{r^2} \quad (1.20)$$

なる式で表される．ここで，質量座標

$$M_r \equiv \int_0^r 4\pi r^2 \rho dr \quad (1.21)$$

を使った．これは，半径 r の中に含まれる質量を表す．

 2点ほど注意しておこう．
1. 球対称質量分布 $\rho = \rho(r)$ の場合，半径 r におけるガスに働く星全体からの重力の総和は，質量 M_r が中心（$r=0$）に集中したときの重力に等しい．すなわち半径 r の外にあるガスからの重力は効かない[*22)]．
2. 静水圧平衡にある天体の大きさは，$R \sim GM/c_s^2$ となる（表 1.5）．温度が高いほど（音速 c_s が速いほど）半径は小さくなることに注意しよう．直観に反するように感じるかもしれない．単純に考えると，

温度が高い ⇨ 圧力が高い ⇨ 膨らむ ⇨ 半径が大きい

となるからである．ではどこが直観と違っているのか？ 答えは，熱を注入して温度・圧力を上げたとしても，天体が自己重力に逆らって膨張するとき仕事をするので，最終的に温度は逆に下がってしまうところである．だから以下の表現が正しい．

熱を注入 ⇨ 温度・圧力が高い ⇨ 膨らみつつ温度が下がる ⇨ 温度は低く半径は大きくなる

これは重要である．この特徴を「自己重力天体は"負"の比熱をもつ」といったりする．自己重力天体特有の性質である．温度を上げるには，逆に熱を抜かな

[*21)] 英語で "hydrostatic balance"．もともと地球物理（海洋）の分野から出てきた考え方で「水」という文字が使われている．天文の分野で（液体の）水を扱うことはまれで，ほとんどの場合は重力により成層したガスを扱う．

[*22)] 証明は Binney and Tremaine（2008）参照．

いといけない．すると天体は圧力を減じられて収縮し，重力エネルギーを解放し，温度が上がってくれるのだ．

コラム D　　　　　　　　　　　　　　　　　　　　　　　　**自由落下時間**

質量 M，半径 R の球殻が，圧力などの支えが何もなく重力収縮したら，どれくらいの時間でつぶれるだろうか．球殻にかかる重力は 1.3.5 項の 1 で説明した事情により $-GM/R^2$ となるので，基本方程式は

$$\frac{d^2R(t)}{dt^2} = -\frac{GM}{R^2} \tag{D.1}$$

と書ける．この方程式の両辺に dR/dt をかけて 1 回時間積分すると

$$\frac{1}{2}\left(\frac{dR}{dt}\right)^2 = \frac{GM}{R} + E \tag{D.2}$$

となる．ここで E は積分定数で，球殻の全エネルギーに相当する．球殻が収縮するのは $E<0$ のときであり，そのときの解はパラメータ表示で次のようになる．

$$\begin{cases} R = \dfrac{R_0}{2}(1+\cos\theta) \\ t = \sqrt{\dfrac{R_0^3}{8GM}}(\theta+\sin\theta) \end{cases} \tag{D.3}$$

なお，時刻 $t=0$（$\theta=0$）において $R=R_0$，$dR/dt=0$（$E=-GM/R_0$）とした．半径ゼロになる時刻 $t_{\rm dyn}$ は $\theta=\pi$ として $t_{\rm dyn}=\pi\sqrt{R_0^3/8GM} \sim \sqrt{3\pi/32G\bar{\rho}}$ となる．ここで $\bar{\rho} \equiv 3M/(4\pi R_0^3)$ はガス塊の初期平均密度である．

1.3.6　レーン-エムデン方程式

さて，質量座標の (1.21) 式と静水圧平衡の (1.20) 式を使って天体の構造を求めたい．しかし，未知量は密度 ρ，圧力 P，質量座標 M_r と 3 つあるから，式の数が 1 つ足りない．すなわち構成物質の状態方程式 $P=P(\rho)$ が必要である．

その具体例として，ポリトロープの関係を考えよう．すなわち，

$$P = K\rho^\gamma \quad (K \text{ は定数}) \tag{1.22}$$

がなりたつ場合である．ここで γ は断熱指標（adiabatic index）とよばれる量で，$\gamma > 1$ を満たす．

次にポリトロープ指数 $N \equiv 1/(\gamma-1)$ を導入し，以下の座標変換を行う．

$$P \equiv P_0 \theta^{N+1}, \quad \rho \equiv \rho_0 \theta^N, \quad r \equiv r_0 \xi, \quad r_0 = \left[\frac{(N+1)K\rho_0^{(1/N)-1}}{4\pi G}\right] \quad (1.23)$$

ここで r_0, P_0, ρ_0 は定数である．簡単な計算の後，レーン-エムデン方程式を得る．

$$\frac{1}{\xi^2}\frac{d}{d\xi}\left(\xi^2 \frac{d\theta}{d\xi}\right) = -\theta^N \quad (1.24)$$

なお，境界条件は恒星の中心（$\xi=0$）で与えられ，以下のようになる．

$$\theta = 1, \quad \frac{d\theta}{d\xi} = 0 \quad (1.25)$$

前者は ξ の規格化条件であり，後者は中心における対称性から導かれる．

この方程式は，$N=0,1,5$ のときに解析解をもつが，全般的に，次のような特徴を示す．

まず，中心付近の漸近形（$\xi \ll 1$）を求めよう．原点周りで解を

$$\theta(\xi) = a + b\xi + c\xi^2 + \cdots \quad (1.26)$$

の形に展開すると（a,b,c は定数），境界条件 (1.25) より $a=1$, $b=0$, また方程式 (1.10) に代入して $c=-1/6$, すなわち $\theta(\xi)=1-(1/6)\xi^2+\cdots$ である．こうして解は中心から表面に向かって単調減少し，ある半径で $\theta=0$ となることが示される．そこが天体半径で，その値 ξ_0 は，$N=0$ で $\sqrt{6}\sim 2.45$，$N=1$ で $\pi \sim 3.14$，$N=5$ で無限大となる．すなわち N が大きいほど ξ_0 が大きく，だらだら広がった解となる．

1.3.7 等温球の場合

レーン-エムデン方程式は，等温球の場合（$\gamma=1$）には使えない．実際に等温のときの解のふるまいを調べてみよう．そこで，(1.8) 式の代わりに

$$P = \rho \sigma^2 \quad (1.27)$$

とおく．ここで σ（速度分散あるいは音速）は定数である．すると

$$-\frac{\sigma^2}{\rho}\frac{d\rho}{dr} = \frac{GM_r}{r^2} \rightarrow -\frac{d}{dr}\left(r^2 \frac{d\ln\rho}{dr}\right) = \frac{4\pi G}{\sigma^2} r^2 \rho \quad (1.28)$$

が得られる．この方程式の解の一つは

$$\rho(r) = \frac{\rho_0 \sigma^2}{2\pi G}\frac{1}{r^2} \propto r^{-2}, \quad M_r = \frac{2\sigma^2}{G} r \propto r \quad (1.29)$$

である.これは半径とともに M_r が大きくなる解である(だから現実にはどこかで打ち切らないといけない).それより問題は,中心($r=0$)で密度が発散してしまうことである(ただし M_r はゼロとなる).これでは自己重力天体のモデルとして不適格である.どう考えればよいか.

一つの考え方は,時間発展を考えることである.図1.5は,ラーソン(R. B. Larson)とペンストン(M. V. Penston)が独立に発見した等温球の自己相似収縮解である(詳細は**コラム E:等温ガス球の自己相似収縮**参照).これによると等温球は,密度一定の内部コアが,$\rho \propto 1/r^2$ の密度分布をもつエンベロープ(外層)に覆われた構造をしている.内部コアは,密度の増加と共に質量もサイズも小さくなる.一方,エンベロープ部分は時間変化していないようにみえる.しかしこれは,エンベロープのガスが静止しているからではなく(増加したコア質量はエンベロープから供給されたはずである),エンベロープ部分の進化時間スケールがコアの時間スケールより長いためである.

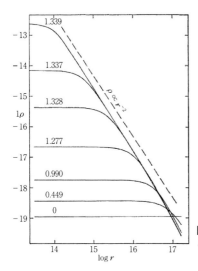

図1.5 等温ガス球収縮の Larson-Penston 解 (Larson (1969) Fig. 1)

> **コラム E**　　　　　　　　　　　　　　　　　　　　**等温ガス球の自己相似収縮**
>
> 等温ガス球収縮の基本方程式は，(1.20) 式，(1.21) 式をもとに
>
> $$\frac{\partial M_r}{\partial r}=4\pi r^2\rho,$$
> $$\frac{\partial M_r}{\partial t}+u\frac{\partial M_r}{\partial r}=0, \qquad (E.1)$$
> $$\frac{\partial u}{\partial t}+u\frac{\partial u}{\partial r}+\sigma^2\frac{d\ln\rho}{dr}=-\frac{GM_r}{r^2}$$
>
> と書ける．これは，独立変数 (r, t) に関する偏微分方程式である．ここで，無次元の新独立変数
>
> $$x=r/(\sigma t) \qquad (E.2)$$
>
> を導入する．さらに無次元の新変数
>
> $$\xi(x)=\frac{u(r,t)}{\sigma},\quad \eta(x)=(4\pi Gt^2)\rho(r,t),\quad m(x)=\frac{G}{\sigma^3 t}M_r(r,t) \qquad (E.3)$$
>
> を (E.1) 式に代入して，$(r, t, u, \rho) \to (x, \xi, \eta)$ なる変換をする．結果は
>
> $$\frac{d\xi}{dx}=\frac{x-\xi}{x}\frac{\eta x(x-\xi)-2}{(x-\xi)^2-1}$$
> $$\frac{d\ln\eta}{dx}=\frac{x-\xi}{x}\frac{\eta x-2(x-\xi)}{(x-\xi)^2-1} \qquad (E.4)$$
> $$m=x^0\eta(x-\xi)$$
>
> というふうに，独立変数 x に関する常微分方程式に帰着できる．
>
> さて，(E.4) 式の解のふるまいを考えよう．$x \gg 1$ の極限で $x-\xi \to \infty$，$\eta \to 0$ となることを使って次式を得る．
>
> $$\frac{d\xi}{dx}\to 0,\quad \frac{d\ln\eta}{d\ln x}\to -2,\quad x\to\infty \qquad (E.5)$$
>
> すなわち十分遠方において $u\to 0$, $\rho\propto 1/r^2$ となる．一見 (1.15) 式に似ているがガス球は定常状態にはなく，中心に近いところから順に収縮している．

1.3.8　回転円盤の場合

最後に，回転するガスや恒星系からなる円盤を考えよう．回転円盤は天文学のさまざまな場面で登場する．一般にガス塊が自己重力収縮したとき，球対称に重

力崩壊した中心天体の周りに角運動量で支えられた円盤ができる[*23)]．質量の大部分は中心天体が担い，周囲の物質が大部分の角運動量を担って回転円盤を形成するというわけである．

さて，円盤形状（半径と厚みの比）は何で決まるかを考察しよう．簡単のため，自己重力が無視できるような円盤について考える．

円盤の動径方向の構造は，中心天体による重力と遠心力との釣り合いで決まる．では，円盤の厚み H は何で決まるのだろうか．答えは静水圧平衡である．正確にいうと，中心星による重力の z 成分と圧力勾配力とが釣り合うことで決まる．式にすると，円盤面を $z=0$ とした円筒座標 (r, φ, z) を使って

$$-(1/\rho)(dP/dz) = g_z \approx (GM/r^2)(H/r) \qquad (1.30)$$

と書ける（図1.6参照）．ここで M は中心天体の質量であり，g_z は中心天体による重力加速度（$g=GM/r^2$）の z 成分である．

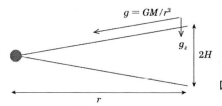

図1.6　円盤面に垂直方向の静水圧平衡

動径方向の重力と遠心力との釣り合いから，

$$\frac{GM}{r^2} = r\Omega^2 \rightarrow \Omega = \sqrt{\frac{GM}{r^3}} \qquad (1.31)$$

を得る．ここで $\Omega \cong v_\varphi / r$ は角速度である．(1.30) 式の左辺の z 微分を $1/H$ で置き換え，$P \sim \rho c_s^2$ および (1.31) 式を用いて変形すると

$$H = c_s / \Omega \qquad (1.32)$$

を得る．温度が高い（音速が大きい）ほど，円盤は分厚くなる[*24)]．

では，アスペクト比（H/r）はどんな物理量で決まるか，さらに考察を進めよう．(1.31) 式を変形して

[*23)] 近接連星系の円盤（第4章）や原始惑星系円盤（第5章），活動銀河核円盤（第6章）などがよく知られている．

[*24)] 自己重力天体の場合（表1.4）と逆の結果になったのは，ここでは自己重力が効かないからだ．実際，「高温ほど膨らむ」ほうが直観に合う．

$$\left(\frac{H}{r}\right)^2 \approx \frac{kT}{m_\mathrm{p}} \frac{r}{GM} \approx \frac{T}{T_\mathrm{vir}} \tag{1.33}$$

を得る.すなわち,アスペクト比は単純に円盤温度で決まることがわかる.温度の基準はヴィリアル温度であり,

$$T_\mathrm{vir} \approx \frac{GMm_\mathrm{p}}{kr} \sim 10^{13}\left(\frac{r}{r_\mathrm{S}}\right)^{-1} [\mathrm{K}] \tag{1.34}$$

で定義される(ここで $r_\mathrm{S} \equiv 2GM/c^2$ は「シュヴァルツシルト半径」[*25]).これは中心天体に落ち込んだガスが,そのとき解放した重力ポテンシャルエネルギーで(放射冷却することなく)暖められたときの温度である.換言すると,放射冷却すればするほど円盤は平べったくつぶれるのだ.

(1.33)式はまたこんなふうにも変形できる.

$$H/r = c_\mathrm{s}/v_\varphi \tag{1.35}$$

すなわち,回転が超音速であればあるほど円盤は平べったくなる.結局,

アスペクト比 $= [(熱エネルギー)/(回転エネルギー)]^{1/2}$

ということになる(コラム F:無次元量の含蓄参照).

コラム F　　　　　　　　　　　　　　　　　　　　　　　　　無次元量の含蓄

　一般に無次元量は物理過程を表す数値の比として表され,どの物理過程が支配的かを見破る指標となる.無次元量が現れたら,関係する物理過程は何か,常に意識することが物理的直観を養うのに役立つ.

　たとえばジーンズ不安定を考えよう(3.3.4 項コラム I:ジーンズ不安定性で詳述).不安定性の条件は

$$\lambda/\lambda_\mathrm{J} > 1 \quad \lambda_\mathrm{J} \equiv c_\mathrm{s}\sqrt{\pi/G\bar{\rho}}$$

と書ける(λ_J はジーンズ長).この条件を書き換えると

$$(音速通過時間\ \lambda/c_\mathrm{s}) > (動的時間^* 1/\sqrt{G\bar{\rho}})$$

となる.短波長のゆらぎに対しては音波の働きで摂動がならされて安定化し,長波長のゆらぎは重力崩壊に至ることを意味する.

　宇宙物理学研究では,このほかにもマッハ数,レイノルズ数をはじめとして無数の無次元量が現れる.

* 1.3.3 項および 1.3.5 項のコラム D:自由落下時間参照.

[*25)] シュヴァルツシルト半径については 4.4.1 項参照.

1.4 学ぶ準備3. 不安定性

宇宙物理学を学ぶ準備の最後として，天体活動の源泉ともいえる「不安定性」という考え方について説明する．

1.4.1 不安定性の一般論

先に述べたように，宇宙物理学研究はオーダー評価に始まり，基本方程式をたてて解を求め，その性質を調べる，というふうに進んでいく．解の性質として一番重要なのが，不安定性の検証である．もし解が不安定ならば，その不安定性の時間スケールによっては，現実に存在しない状態を表しているかもしれない．あるいは，不安定解の周りの振動現象が，周期的変光を生み出し，それが観測されているかもしれない．不安定性の理解は，その意味で，極めて重要である．

一般に，不安定性の議論は以下のように進められる．

> 不安定性の一般論
> (1) 平衡状態を考える．
> (2) 平衡状態から少しずらす．
> (3) 元の平衡状態に戻れば安定，戻らなければ不安定．

(1) 平衡状態を考える．平衡状態とは何かと何かがバランスした状態であり，通常，等式（A＝B）で表される．
(2) 平衡状態から，系の状態をコントロールする変数を少しずらす．これを「摂動を加える」という．
(3) 平衡状態からずれた結果（A≠B），系には動きが生じる．その動きによって，系が元の平衡状態に戻れば安定，戻らなければ不安定．
  わかりやすい例として，重力ポテンシャル（Ψ）中の粒子の運動を考えよう（図1.7参照）．
  ①粒子がポテンシャルの極小にある場合を考える（図1.7左）．このとき $F=-\nabla\Psi=0$ がなりたつので粒子に力は働かない（右向きの力と左向きの力がバランスしている）．この点はたしかに平衡点である．

図 1.7 極小点（左）あるいは極大点（右）にある質点

② 平衡点から粒子の位置を少し右に（あるいは左に）ずらしてみよう．その結果，力のバランスがやぶれる．
③ 再び $F=-\nabla\Psi$ の関係より，粒子には左向き（右向き）に力が加わり，元の位置に戻ろうとする．極小の点は安定点であることがわかる．同様に，極大の点（図1.7右）は不安定の点であることが示される．

1.4.2 不安定性の線形解析

前項の議論を，数式を使って言い換えよう．図1.7を参考にポテンシャル Ψ の中にある粒子（単位質量）を考えよう．図の横軸（空間座標）を x とすると方程式は，ポテンシャルに起因する力を F として

$$\frac{d^2x}{dt^2}=F=-\frac{d\Psi}{dx} \tag{1.36}$$

である．

(1) 平衡状態を考える　釣り合いの位置の x 座標を x_0 とおこう．釣り合いの位置の周りにポテンシャルをテーラー展開して

$$\Psi(x)\approx\Psi(x_0)+\left.\frac{d\Psi}{dx}\right|_{x=x_0}(x-x_0)+\frac{1}{2}\left.\frac{d^2\Psi}{dx^2}\right|_{x=x_0}(x-x_0)^2+\cdots \tag{1.37}$$

とし，ここで $a=(1/2)\,d^2\Psi/dx^2|_{x=x_0}$, $b=d\Psi/dx|_{x=x_0}$, $c=\Psi(x_0)$ とおくと

$$\Psi(x)\approx a(x-x_0)^2+b(x-x_0)+c$$

となり，平衡条件は $F=-d\Psi/dx=0$ が満たされる点であることがわかる．

(2) 平衡状態から少しずらす　釣り合いの位置に摂動を与える（$x \to x_0+\Delta x$（Δx は微少量））．

$$\frac{d^2(\Delta x)}{dt^2}=-2a(\Delta x) \tag{1.38}$$

(3) 元の平衡状態に戻ったら安定，戻らなければ不安定　　元に戻る（安定）条件は $a>0$，逆に元に戻らない（不安定）条件は $a<0$ である．これは図1.7から導いた結果に一致する．

1.4.3　不安定性に関する注意

しばしば，「平衡」という概念と「不安定」という概念とを混同している人がいるので注意されたい．不安定な平衡解はある．すなわち，上記の例でいうと，「平衡である」とは「ポテンシャルの一階微分がゼロである」ということであり，それが安定であるかどうかはポテンシャルの二階微分の正負に依存する．両者は別問題と考えるべきである．

さて，系が不安定平衡点にあるとき「それは現実に存在しない解である」と速断するのは危険である．不安定性が成長する時間スケールが系の典型的な時間（あるいは人間の観測時間）に比べて十分長いときは，不安定な平衡解も現実に存在し，観測され得るからだ．系は「準静的に」（ゆっくり）進化していくだけのことである．

さらに，不安定性は天体の秩序を脅かすものとしてとらえるのも危険である．ここで紹介したのは，摂動の値が小さいとき（線形状態にあるとき）の解析であり，不安定性が成長して非線形状態になったときには，不安定性が抑えられ，元の状態に戻ることもあり得るからだ．突発天体（急に明るく光る天体）のバースト現象はその一例である．また不安定性が元となって，系が別の平衡解に遷移することもあり得る．星間物質の相転移がその例である．このように，不安定性は天体の活動性と密接に関連している．以下の章では，こういった活動性を具体的にみていくことにする．

Chapter 2

恒星としての太陽

　太陽は，われわれにとって一番身近な恒星であり，また地球上における生命の誕生および進化を強力にバックアップする存在でもある．とはいうものの，太陽は特殊な星ではなく，広く宇宙を見渡すと，ごく平均的な星であることもわかってきた．このことは，地球のような環境をもつ星が宇宙に多数存在することも示唆する．

　この章では，太陽を素材に，恒星という天体について考える．太陽の物理量や特徴を概観した後（2.1節），内部構造に関する理論（恒星内部構造論）の導入を行い（2.2節），その観測的検証へと話を進める（2.3節）．最後に（地球に大きな影響を与え得る）太陽大気の現象について簡単に触れる（2.4節）．

2.1 太陽の概観

　まずは太陽とはどんな特徴をもつ天体なのか，その中の構造はどのような物理過程が支配しているのか，概観しよう．

2.1.1 基　本　量

　まず，太陽の基本定数をあげておこう（表2.1）．ここにあげた数値は，太陽に限らず宇宙物理学を学ぶ上で最も基本となる定数でもある．

　太陽からの放射エネルギーを地球上表面で測ったものは太陽定数とよばれる，最も基本的な物理量である（測定は晴れの日を選んで行われ，太陽光が地表面に垂直に入るとしたときの値である．現在は大気上空で測定できる．）．

　太陽までの距離は1天文単位（au：astronomical unit）とよばれる基本量である．太陽定数 f と太陽光度 $L_\odot$（単位時間あたりの放射エネルギー流量）には，

表 2.1 太陽の諸定数

諸定数	数値	備考
太陽定数	$f=1.36\times10^3\,\mathrm{J\,s^{-1}\,m^{-2}}$	地球上で測った太陽光の強さ
距離(天文単位)	$d=1.5\times10^8\,\mathrm{km}$	光速で500秒
光度	$L_\odot=3.8\times10^{26}\,\mathrm{W}$	$(=4\pi d^2 f)$
半径	$R_\odot=7.0\times10^8\,\mathrm{m}$	地球半径の約110倍
質量	$M_\odot=2.0\times10^{30}\,\mathrm{kg}$	地球質量の約33万倍
平均密度	$\bar{\rho}=1.4\times10^3\,\mathrm{kg\,m^{-3}}$	地表の水(H_2O)密度にほぼ等しい
表面温度	$T_\mathrm{eff}\sim5800\,\mathrm{K}$	スペクトル型はG型
年齢	$\tau_\odot=4.6\times10^9\,\mathrm{yr}$	今後約50億年光りつづける
中心密度	$\rho_c=1.5\times10^5\,\mathrm{kg\,m^{-3}}$	太陽平均密度の約100倍
中心温度	$T_c=1.6\times10^7\,\mathrm{K}$	水素核融合が起こる温度

1天文単位をdとして

$$L_\odot=4\pi d^2 f \tag{2.1}$$

の関係がある．

太陽表面はおおよそ$T_\mathrm{eff}\sim5800\,\mathrm{K}$の温度であり，太陽からの放射スペクトル（連続成分）は黒体放射スペクトルでよく表される[*1]（図2.1）．したがって，表面温度T_effと太陽光度の間にはおおよそ

$$L_\odot=4\pi R_\odot^2\cdot\sigma T_\mathrm{eff}^4 \tag{2.2}$$

の関係がある．ここでσはシュテファン・ボルツマン定数である．

太陽は水素とヘリウムが主体の気体からできている．気体といっても太陽の平均密度は$\sim10^3\,\mathrm{kg\,m^{-3}}$であり，（地上の）液体の水の密度とほぼ同程度である[*2]．それに加えて，中心はさらに100倍の高密度である．それでも高温のため，物質は理想気体の性質をもつ．また，太陽の誕生はおおよそ46億年前とされているが，あと50億年は今と同じように（主系列星として）光りつづけることがわかっている．太陽は「中年の星」といえよう．

[*1] ただし，太陽スペクトルには暗線とよばれる大気原子による吸収線が無数にみられる点で，厳密には黒体放射と異なる点は注意されたい．

[*2] 地球本体の平均密度はおおよそ$5.6\times10^3\,\mathrm{kg\,m^{-3}}$で，太陽と数倍しか違わないことに注意．地球大気の密度は$\sim1.6\,\mathrm{kg\,m^{-3}}$で，太陽の平均密度の1/1000である．

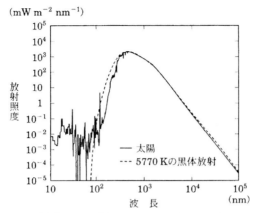

図 2.1 太陽スペクトル（桜井ほか編『太陽』図 5.3 をもとに改変，原図は Lean（1991））

2.1.2 3つのプロセス

太陽の内部構造を考えよう．それには，どのようなプロセス（物理過程）が内部構造を決定するのかをきちんと把握する必要がある．一般に，太陽をはじめとして，主系列星の内部構造を決定するプロセス（物理過程）は大きく3つある．

(1) 静水圧平衡（重力と圧力のバランス）
(2) エネルギー生成（中心核における核融合反応）
(3) エネルギー輸送（放射および対流による表面へのエネルギー輸送）

である．以下，2.1.5項までそれぞれの過程についてやや詳しくみていこう．

まずは1.3.5項でも述べた静水圧平衡である．星は，押しつぶそうとする自己重力に対し，ガスや放射が生み出す圧力で対抗して形を保っている．すなわち，質量座標 M_r を使って

$$-\frac{1}{\rho}\frac{dP}{dr} = \frac{GM_r}{r^2} \quad M_r \equiv \int_0^r 4\pi r^2 \rho dr \tag{2.3}$$

で表される．(2.3) 式左辺のマイナスは，天体の中心ほど圧力が大きくなることを示している．特に中心では，

$$P(r=0) \sim \frac{GM\rho}{R} \sim \frac{GM^2}{R^4} \tag{2.4}$$

となり，核融合反応が起こる下地をつくることがわかる．

2.1.3 太陽のエネルギー源

19世紀から20世紀初頭にかけて,太陽の寿命に関して天文学者と地質学者の間で大論争があった.すなわち,太陽は現在の明るさで,いったいどれくらい光りつづけることができるか,という論争である.

まず,燃焼などの化学反応では太陽の明るさはとても説明できないことが示される.おおよそ10桁も足りない.次に考えられるのは,太陽のもつ重力エネルギーの解放である.天体は自己重力により収縮すると,それだけポテンシャルが深くなり,深くなった分に相当するエネルギーが解放される.その時間を見積もると,(太陽の自己重力エネルギー)/(太陽光度)から,

$$\frac{GM_\odot^2}{R_\odot}\frac{1}{L_\odot} \approx 10^{15}\,[\mathrm{s}] \sim 3\times 10^7\,[\mathrm{yr}] \tag{2.5}$$

となる.すなわち,太陽の寿命はたかだか数千万年ということになる.

これは,エネルギー源として太陽の内部エネルギー(熱エネルギーの解放)を考えた場合でも,同様の結果となる.なぜなら,**ヴィリアル定理**(コラムG:**星のヴィリアル定理**参照)から,(内部エネルギー)〜(重力エネルギー)の関係が出てくるからである.

こうして天文学者は,太陽が現在と同じように輝く時間は数千万年と結論した.一方,地質学者は化石の年代を根拠に,地球の年齢(それは太陽の年齢より若い)は少なくとも10億年以上であると主張し,議論は平行線をたどった.

しかしこの論争は,1938年に水素核融合反応がベーテ(H. A. Bethe)およびファウラー(W. A. Fowler)によって発見されることにより終止符が打たれた.それが恒星のエネルギー源となる.実際,太陽の中心核は水素の核融合反応が起こる温度(1600万K)となっている.

では,冒頭の問いかけに戻ろう.実はその正解はすでに書いたのだが,太陽は今の明るさで100億年,輝きつづけることができる.以下,その過程をオーダー評価してみよう.

水素核融合反応において質量が0.7%減少する.その減少した質量の静止質量エネルギーが放射エネルギーとして解放される.ところで,主系列星の時期に太陽はその中心部分でおおよそ全質量の1割の水素を消費することが知られている.したがって,太陽の寿命(それはおおよそ主系列時代の時間に等しい)は

$$\tau_\odot = \frac{0.007 \times 0.1 M_\odot c^2}{L_\odot} \sim 3\times 10^{17}\,[\mathrm{s}] \sim 10^{10}\,[\mathrm{yr}] \tag{2.6}$$

となり，すなわち，おおよそ100億年という答えが出てくる．

ところで，陽子同士の融合は容易ではない．というのは，陽子はプラスの電荷をもっており，両者が核融合すべく接近するときにクーロン力（斥力）がじゃまをするからである．陽子を2個ぶつけるには，クーロンの反発力を超えるエネルギーが必要となる．星の中では，熱運動がこの働きを果たす．したがって1600万 K ほどの高温が必要なのである．なお，反応促進には量子力学的なトンネル効果も重要な役割を果たす[*3]．

コラム G 　　　　　　　　　　　　　　　　　　　　　**星のヴィリアル定理**

球対称密度分布をもつ天体に関するヴィリアル定理を導出しよう．ヴィリアル定理はエネルギーの次元をもち，運動方程式を積分して得られる．そこでまず動径方向の運動方程式を，球対称に留意して書き下すと次のようになる．

$$\rho \frac{dv}{dt} = -\frac{dP}{dr} - \rho \frac{GM_r}{r^2}$$

この式の各項に r をかけ体積積分（$dV \equiv 4\pi r^2 dr$; $dm \equiv \rho dV$）を実行する．

(左辺) $= \int r\frac{dv}{dt}dm = \frac{1}{2}\frac{d^2}{dt^2}\int r^2 dm - \int v^2 dm = \frac{1}{2}\frac{d^2 I}{dt^2} - 2K$

(右辺第1項) $= \int r\left(-\frac{dP}{dr}\right)dV = (3\gamma-1)\int \rho c_v T dV = (3\gamma-1)U$

(右辺第2項) $= \int \frac{GM_r}{r}dm = W$

ここで，I, K, U, W はそれぞれ慣性モーメント，運動エネルギー，内部エネルギー，重力エネルギーを表す．また状態方程式 $P=(\gamma-1)\rho c_v T$ を用いた．ここで c_v は定積比熱，γ は比熱比である．定常を仮定し，最終的にヴィリアル定理

$$2K = 3(\gamma-1)U + W$$

を得る．特に運動エネルギー $K=0$ で $\gamma=5/3$ のときは $U=-(1/2)W$ となる．

[*3] 3.2.1項参照．

2.1.4 放射によるエネルギー輸送

太陽などでみられるような，主系列星の中心コアで核融合反応によりつくられたエネルギーは，表面（光球）まで運ばれてそこから自由に飛び出していく．しかしながら，中心部は1600万Kの高温，したがって発生する光子はX線〜γ線である．一方で光球は温度5700Kであり，主として可視光を放出する．ということは，光子は中心核を出て表面に達するまで，どんどん形（エネルギーあるいは波長）を変えていることになる．

光子の**平均自由行程**（mean free path）をここで導入しよう．これは，光子が原子から放射されてから，別の原子に吸収あるいは散乱されるまでに自由に飛べる距離をいう．単位質量あたりの**オパシティ**（吸収係数と散乱係数）を κ として，平均自由行程は

$$\ell = 1/(\kappa\rho) \tag{2.7}$$

と表される．ちなみに，一般に温度が数十万度以上のプラズマでは κ として電子散乱（電子による光子の散乱）が効き，その値は

$$\kappa_{\mathrm{es}} = 0.2(1+X) \tag{2.8}$$

と表される．ここで X は水素のアバンダンス（水素原子が占める質量の割合）を意味し，太陽の中ではおおよそ $X=0.70$ である[*4)]．太陽中心部で平均自由行程はおおよそ $0.5\,\mathrm{cm}$ となる．

ランダム・ウォークの理論によると，ある粒子が他粒子と N 回散乱後に移動する距離は，おおよそ $\ell\sqrt{N/3}$ で表される．簡単のため，平均自由行程はどこでもほぼ同じ（$\ell=0.5\,\mathrm{cm}$）であるとしよう．すると，太陽中心で発生した光子が太陽表面に達するまでの散乱回数は，おおよそ

$$N \approx 3(R_\odot/\ell)^2 \sim 10^{23}\,[\text{回}] \tag{2.9}$$

であり，光子が表面に達するまでの時間（光子拡散時間）はおおよそ

$$\tau_{\mathrm{diff}} \approx N\times(\ell/c) \sim 10^{12}\,[\mathrm{s}] \sim 30000\,[\mathrm{yr}] \tag{2.10}$$

となる．散乱が全くなかった場合の時間（おおよそ2秒）に比べ10桁以上長くなることに注意されたい．

このように，中心核で生成された光子が，吸収・再放射や散乱を経て表面に達するのにこのような長時間かかることは，太陽光度の安定化に大きく寄与してい

[*4)] 核融合が進む中心部では，水素は時間と共に減少し，ヘリウムは増加する．

る.すなわち,何らかの理由で太陽中心の温度が上がって核反応によるエネルギー生成量が急増したとしても,その影響が表面に伝わるまでの間(30万年)に影響はならされてしまい,急激な太陽定数増加を地球にもたらすことはないのである.太陽には,そのほかにも数々の安全弁が備えられていることがわかっている[*5].

2.1.5 対流によるエネルギー輸送

前項で,太陽中心で生成されたエネルギーは,放射の形で表面まで運ばれると述べたが,これは表面付近では必ずしも正しくない.すなわち,太陽表面直下では対流が発生し,エネルギーは放射ではなく,ガス運動によって運ばれる部分がメインとなるからである.

では,どういう状況で恒星は対流不安定になるのだろうか?

a. 対流不安定性の一般論

恒星大気の中の,ガスの塊(以下,ブロブ)の運動を考えよう(図2.2).重力は下向きに働いているとする.この運動が不安定であるかどうかを,不安定性の議論の一般論(1.4.1項)にしたがって考察しよう.

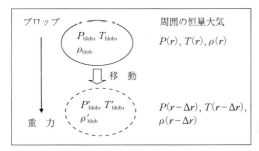

図2.2 対流不安定性の説明図

(1) 平衡状態を考える すなわち,ブロブと周りとで,圧力平衡および熱平衡がなりたっているとする.このとき,ブロブの圧力,温度をそれぞれ P_{blob}, T_{blob}, 周りのガスの半径 r における圧力,温度をそれぞれ $P(r)$, $T(r)$ とすると,

$$P_{\text{blob}}=P(r), \quad T_{\text{blob}}=T(r), \quad \rho_{\text{blob}}=\rho(r) \tag{2.11}$$

[*5] 3.2.3項参照.

が成立する．

(2) 平衡状態から少しずらす　すなわち，このブロブを少し下に（重力方向に）移動させてみよう．移動した半径を $r-\Delta r$ とし，周囲の圧力と温度をそれぞれ $P(r-\Delta r)$，$T(r-\Delta r)$ とする．さて，ブロブの温度，密度はどう変化するだろうか？

　一般に，圧力平衡が回復するまでの時間（圧力平衡にない状態から圧力平衡になるまでの時間）は，音速通過時間（sound crossing time）で表され，十分に短いとしてよい．一方，熱のやりとりには時間がかかるため，熱平衡は達成されない．すなわち，ブロブの温度は，周囲の温度とは等しくはならない．密度も異なる．

$$P'_{\text{blob}} = P(r-\Delta r), \quad T'_{\text{blob}} \neq T(r-\Delta r), \quad \rho'_{\text{blob}} \neq \rho(r-\Delta r) \tag{2.12}$$

ここで，移動後のブロブの物理量をダッシュ（$'$）で表した．

(3) ブロブが元に戻らなければ不安定　元に戻るかどうかは，ブロブにかかる浮力を考える．移動の結果，ブロブの密度が周囲の密度よりも大きくなれば，浮力は働かずブロブはさらに下降する．すなわち系は不安定であり，対流が発生する．したがって，対流不安定の（対流が発生する）条件は，

$$\text{対流不安定} \Leftrightarrow (d\rho)_{\text{blob}} \equiv \rho'_{\text{blob}} - \rho_{\text{blob}} > d\rho \equiv \rho(r-\Delta r) - \rho(r) \tag{2.13}$$

と書ける．

　だが，このままでは見通しがよくない．そこで次に，具体的にどのような恒星大気構造が対流不安定となるのか，考察を進めよう．

　ブロブの密度はほぼ断熱的に変化すると考えてよいので，移動による密度変化は，

$$(d\rho)_{\text{blob}} = \left(\frac{d\rho}{dP}\right)_s dP \tag{2.14}$$

で表される．一方，周囲の密度変化は熱力学の関係より

$$d\rho = \left(\frac{d\rho}{dP}\right)_s dP + \left(\frac{d\rho}{ds}\right)_P ds \tag{2.15}$$

となる．さらに

$$\left(\frac{d\rho}{ds}\right)_P = -\rho^2 \left(\frac{dT}{dP}\right)_s < 0 \tag{2.16}$$

であることを考慮すると，対流不安定条件は $ds > 0$，すなわち「重力方向にエン

トロピーが増加する」ことであるとわかる[*6]．

b. 太陽が対流層をもつ理由

では，どのような大気構造のときに「重力方向にエントロピーが増加」するのだろうか？　答えは，以下の不等式で表される．

$$\nabla \equiv \frac{d\ln T}{d\ln P} > \nabla_{\mathrm{ad}} \equiv \left(\frac{d\ln T}{d\ln P}\right)_s \tag{2.17}$$

その理由を，図 2.3 を参考に考えてみよう．

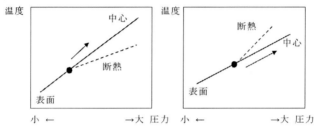

図 2.3　対流不安定な大気構造（左）と安定な大気構造（右）
いずれも，実線は大気における温度分布，破線は断熱の関係を表す．平衡点（2 線が交わる点）から右（圧力が大きくなる方向）に移動したとき，ブロッブ（断熱を仮定）の密度が周囲の密度より大きくなると対流不安定となる．

　まず，対流不安定のケースを考えよう（図 2.3 左）．このとき，大気の温度分布は断熱の関係より傾きが大きいので，たしかに (2.17) 式の条件を満たしていることがわかる．黒丸で示した平衡点から矢印に沿って少し中に（圧力の大きくなる方向に）移動すると，温度は断熱を仮定した場合の温度より高くなる．一般に圧力が一定の場合，温度が高いほどエントロピーは大きくなる．したがって，左図の状況は「重力方向にエントロピーが増加」するという条件を満たしていることがわかる．同様に考えた場合，右図は対流安定である（対流が発生しない）ことがわかる．

　以上をふまえて，太陽の表面直下で対流が起こる理由を考えよう．それは，数千度という太陽の表面温度が鍵となる．数千度という温度で水素は部分電離して

[*6]　ガス圧優勢時には比熱比を γ，定積比熱を c_V として $s = c_V \ln(P/\rho^\gamma)$，放射圧が優勢時には $s = 4P/(\rho T)$ と書ける．いずれも P 一定で ρ を上げれば s は減少する．導出は，たとえば嶺重 (2016) p. 118 を参照のこと．

いる．そのような状況では熱を加えてもその熱は水素の電離に使われるため，温度上昇が（完全電離状態に比して）抑えられる．別の言い方をすると，比熱の値は大きくなる．すると，R をガス定数として，断熱の関係（$P \propto \rho^\gamma$）から，

$$\nabla_{\rm ad} \equiv \left(\frac{d \ln T}{d \ln P}\right)_{\rm s} = \frac{\gamma-1}{\gamma} = \frac{c_{\rm P}-c_{\rm V}}{c_{\rm P}} = \frac{R}{c_{\rm P}} \sim 0 \qquad (2.18)$$

が導かれる．ここで $c_{\rm P}$, $c_{\rm V}$ は定圧比熱および定積比熱である．恒星の中は，中心に行くほど圧力も温度も高まることから，(2.17) 式の不等式が満たされ，星は対流不安定となることがわかる（さらに H^- イオンの形成によりオパシティが急激に増加し，放射が流れにくくなることも効いている）．

こうして，太陽も含め，表面温度数千度の小質量星は表面に対流層をもつ[*7]．このことは，表面における磁場活動に大きな影響を与える．対流と回転により磁場がつくられ，それがコロナやフレアなどの動的現象を起こしていると考えられるからである．実際，一般に小質量星は X 線活動が高く，大質量星は低いことが知られている[*8]．

2.2 内部構造論

この節では，実際にどのように内部構造を解いていくか，基本方程式をもとに解説する．また「太陽はなぜ何十億年にもわたって同じように光りつづけることができるのか」という問いに答えるため，太陽の安定性についても議論する．

2.2.1 基本方程式

以上，3つの物理過程（静水圧平衡，エネルギー生成，エネルギー輸送）に連続の式を組み合わせて解くことにより，太陽の内部構造が求められる．細かい説明の前に，まずは球対称な恒星の内部構造を記述する基本方程式を書き下そう．

連続の式
$$\frac{dM_r}{dr} = 4\pi r^2 \rho(r) \qquad (2.19{\rm a})$$

静水圧平衡の式
$$-\frac{1}{\rho(r)} \frac{dP(r)}{dr} = \frac{GM_r}{r^2} \qquad (2.19{\rm b})$$

[*7] 大質量星は中心部が対流不安定となる．これは別の理由による（第4章参照）．

[*8] 大質量星は強い星風が噴き出しており，周りのガスと衝突することにより X 線を放射する場合があることには注意されたい．

2.2 内部構造論

エネルギー輸送の式　　　$L_r = 4\pi r^2 F_r$ （2.19c）

エネルギー方程式　　　$T\dfrac{ds(r)}{dt} = \varepsilon - \dfrac{dL_r}{dM_r}$ （2.19d）

ここで M_r は半径 r の球殻の中の全質量，L_r は半径 r の球殻を単位時間に通過するエネルギー流量，F_r は半径 r の球殻の単位面積を時間あたり通過するエネルギー流量，ε は核融合反応によるエネルギー生成率である．P, ρ など，そのほかの記号は通常の意味で用いている．

フラックス F_r として，ここでは放射と対流を考える．

$$F_r = F_r^{\mathrm{rad}} + F_r^{\mathrm{conv}} \quad (2.20)$$

このうち，前者は光学的に厚い極限（$\tau \gg 1$）で以下のように書ける[*9)]．

$$F_r^{\mathrm{rad}} = -\frac{4acT^3}{3\kappa\rho}\frac{dT}{dr} \sim c \cdot \frac{aT^4}{3\tau} \quad (2.21)$$

ここで a は放射定数である．第 2 辺のマイナス記号は，高温領域から低温領域に放射エネルギーが流れていくことを意味する．最右辺は放射エネルギー（aT^4）がおおよそ速度 $c/(3\tau)$ で拡散することを表している．

一方，対流のほうは簡単な式で書けないが，おおまかにいってガスの内部エネルギー（$\sim c_{\mathrm{V}}T$）が音速（c_{s}）で運ばれると考えればよい．

$$F_r^{\mathrm{conv}} \sim c_{\mathrm{s}} \cdot c_{\mathrm{V}} T \quad (2.22)$$

対流フラックスのより正確な値を計算する理論として，混合距離理論がある[*10)]．これは，ブロブがある一定の距離（おおよそスケールハイト[*11)]）を進んで，周りのガスに溶け込んでエネルギーを散逸させるというプロセスを丁寧に追ってフラックスを求める方法である．

内部構造を解くには，さらに圧力と密度の間の関係式（状態方程式）

$$P = P(\rho, T) = \frac{k\rho T}{\mu m_{\mathrm{p}}} \quad (2.23)$$

[*9)] たとえば嶺重（2016）pp. 31-33 参照．
[*10)] 英語で "mixing length theory"．たとえば，Cox and Guili（1968）に詳しい説明がある．
[*11)] 圧力成層のあるガス層で，圧力が $1/e$ になる距離．静水圧平衡にあるガス層の場合，音速を c_{s} として $R \sim GM/c_{\mathrm{s}}^2$ （1.3.4 項の表 1.5 参照）．

が必要である[*12]．ここで μ は平均分子量[*13]，m_p は陽子質量である．

さらに微分方程式を解くためには境界条件を設定しないといけない．恒星の内部構造を解く場合，中心で2つ，表面で2つの条件を課す．

中心 $(r=0)$　　　$M_r=0,\ L_r=0,$　　　　　　　　　　　(2.24a)
表面 $(r=R)$　　　$P(R)=0,\ \rho(R)=0$　　　　　　　　(2.24b)

このうち (2.24a) 式は自明だろう．一方で (2.24b) 式には注意を要する．恒星表面とはどこか，ということが問題になってくるからである．ここでは大気を考慮しない簡単な境界条件を与えた．すなわち，恒星表面とは密度がゼロになるところであるため，物質がないので圧力もゼロとした．

なお，本項で与えた方程式を解析的に解くことはできない．しかし，特殊な場合，たとえばポリトロープの関係 $(P \propto \rho^\gamma)$ があると，前半の2式だけで方程式系が閉じて天体構造が求められることは1.3.6項で述べているとおりである．

2.2.2　基本方程式の見方

基本方程式についていくつかコメントをしておこう．第1式は連続の式である．あるいは質量座標 M_r の定義式ともいえる．第2式の静水圧平衡の式と組み合わせて，天体構造を決めるレーン-エムデン方程式が得られることはすでに述べた[*14]．ただし，$P=P(\rho)$ の関係がないと式が閉じない．それを決めるのが第4式と状態方程式である．第3式は半径 r における光度 L_r を与える式である．

第4式のエネルギー方程式を少し詳しくみておこう．まず，この左辺は時間についてのラグランジュ微分となっており，ここにだけ時間微分が入っている．それには以下のような理由による．

あらゆる方程式は，それが成立する時間スケールというものを陰に想定している．そういう観点からみると，式 (2.19a)〜(2.19b) は，動的時間スケール (1.3.3項) よりずっと長い，進化の時間スケールを想定している．進化の時間スケールは（後述するように）太陽質量ほどの恒星では数十億年以上になる．そ

[*12]　大質量星の内部構造では，ここにあげたガス圧に加えて放射圧も寄与する．
[*13]　水素，ヘリウム，そしてこれら2つの元素より重い元素（重元素）の組成を X,Y,Z として $1/\mu=2X+3Y/4+Z/2$．これは完全電離すると水素原子（質量 m_p）は2粒子に，ヘリウム原子（質量 $4m_\mathrm{p}$）は3粒子に，重元素（原子番号を Z として質量〜$2Zm_\mathrm{p}$）は $(Z+1)$ 粒子になることから導かれる．
[*14]　詳細は1.3.6項参照．化学組成も，核融合反応や対流運動に影響する．

の時間では，静水圧平衡の式もエネルギー輸送の式もエネルギー方程式も，十分定常で平衡状態にある．

では，短い時間スケールで考えよう．すると第4式左辺は消える．すなわち，

$$L_r(r) = \int_0^r \varepsilon(r) dM_r \tag{2.25}$$

を得る．このうち $\varepsilon(r)$ は核融合反応でエネルギーをつくり出す中心核領域でのみゼロでないので，星内部の大部分で $L_r(r) = $ const. なのである．

2.2.3 核融合炉の安全弁

太陽は過去50億年にわたって，驚くべきほど一定の割合でエネルギーを放出してきた．太陽は極めて安定なシステムといえる．その秘密は何であろうか．この項では，核融合炉の安定性という側面について論じる．

太陽は，核融合によるエネルギー生成率（ε）と，エネルギー輸送（F_r）がバランスした状態にある（(2.19d) 式）．この均衡がやぶれるとどうなるのか，不安定性の一般論にしたがい，考察してみよう．

(1) 平衡状態を考える　中心核における単位時間あたりのエネルギー生成量（L_c）と，太陽表面から単位時間あたりに放射されるエネルギー量（L_*）がバランスしている状態を考える．

(2) 平衡状態から少しずらす　仮に，中心核の温度なり密度なりが上昇して，エネルギー生成量（L_c）が少し増加したとしよう．その結果，何が起こるだろうか．

(3) 元に戻れば安定　エネルギーが太陽内部に蓄積され，温度・圧力上昇を引き起こす．すると静水圧平衡の関係から，太陽は膨張する．膨張すると，密度・圧力，そして温度は減少し，エネルギー生成率は減少し，平衡状態が回復される．以上，まとめると

$L_c > L_*$ ⇨ 熱がたまる ⇨ $T\uparrow, P\uparrow$ ⇨ 膨張 ⇨ $\rho\downarrow, T\downarrow, P\downarrow$ ⇨ 核反応率 $\varepsilon\downarrow$ ⇨ $L_c\downarrow$ ⇨ $L_c = L_*$

となる．最終的に系は元の平衡状態に戻るので，系は安定である[*15]．

なおここに述べた性質は，太陽のみならず自己重力系に特有の現象で，しばし

[*15] 正確にいうと，このフィードバックがなりたつには，ε の温度依存性が高いことが必要である．実際，この条件は満たされている（第4章参照）．

ば「**負の比熱**」とよばれる．すなわち，熱を（ふだんよりたくさん）星に注入すると，膨張することによって逆に温度が下がるからである．

2.2.4 脈動不安定性

別種の不安定性を調べよう．基本方程式のうち，静水圧平衡の式（2.19b）に着目する．以下，ポリトロープの関係（(1.22) 式）を仮定して議論を進める．

(1) 平衡状態を考える　星全体における静水圧平衡を考える．微分を割り算でおきかえる．

$$-\frac{1}{\rho}\frac{P}{R}=\frac{GM}{R^2} \tag{2.26}$$

(2) 平衡状態から少しずらす　全質量を保ったまま，星の半径を大きくしてみよう．すなわち

$$R \to R+\Delta R \quad (\Delta R>0) \tag{2.27}$$

この変化に伴い，(2.26) 式の両辺の値も変化する．その相対変化量は

$$\begin{aligned}\Delta\left(-\frac{1}{\rho}\frac{P}{R}\right)\Big/\left(-\frac{1}{\rho}\frac{P}{R}\right)&=(2-3\gamma)\frac{\Delta R}{R}, \\ \Delta\left(\frac{GM}{R^2}\right)\Big/\left(\frac{GM}{R^2}\right)&=-2\frac{\Delta R}{R}\end{aligned} \tag{2.28}$$

なお，質量（$M \propto \rho R^3$）一定であることに鑑み，以下の関係を使った．

$$\frac{\Delta \rho}{\rho}=-3\frac{\Delta R}{R}, \quad \frac{\Delta P}{P}=\gamma\frac{\Delta \rho}{\rho}=-3\gamma\frac{\Delta R}{R} \tag{2.29}$$

(3) 元に戻れば安定　元に戻る条件は，（膨張した結果）重力がより強くなることであるから，

$$(2-3\gamma)<-2 \to \gamma>4/3 \tag{2.30}$$

となる．太陽の場合，この条件は満たされるので安定である．

逆に $\gamma<4/3$ のとき，星は不安定となる．どういう星が不安定になるのだろうか？　それは，放射圧が優勢となる大質量星や，セファイド型変光星である（3.4.1項）．太陽とどこがどう異なるかは，後ほど解説する．

> **コラム H** ヴィリアル定理から
>
> コラム G：星のヴィリアル定理で導出した，球対称密度分布をもつ天体に関するヴィリアル定理を用いても，$\gamma<4/3$ の星は不安定であることを導くことができる．
>
> 全エネルギー E を定義し，星のヴィリアル定理 $W=-3(\gamma-1)U$ を使って式変形をすると
>
> $$E \equiv U + W = -(3\gamma-4)U = -\frac{3\gamma-4}{3(\gamma-1)}|W|$$
>
> となる．$1<\gamma<4/3$ のとき，エネルギーは $E>0$，グラフは極小をもたないことから，不安定であることがわかる（図 H.1 参照）．$\gamma>4/3$ のときは半径 R_* においてグラフは極小となるので，これは安定平衡点である．
>
>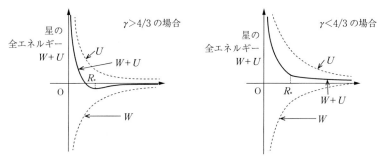
>
> **図 H.1** $\gamma>4/3$ の場合（左）と $\gamma<4/3$ の場合（右）のエネルギー関係（野本ほか編『恒星』図 7.8 をもとに改変）

2.3　内部構造の検証：日震学

　天文学の発展の歴史は，地上の物理学の法則が，天上の世界でもなりたっていることを証明してきた歴史でもある．その好例が，恒星内部構造理論とその観測的検証である．恒星内部構造理論は物理法則を組み合わせて構築され，幾多の観測的検証をパスして確立した．

　本節では，太陽の内部構造モデルの観測的検証を考える．その手段には 2 つある．太陽面の 5 分振動をもとにした日震学とニュートリノ観測である．この節では前者について解説する[*16]．

[*16] 後者（ニュートリノ観測）については 3.4.2 項で述べる．

2.3.1　日震学とは

日震学とは「振動を使って太陽内部を探査する学問」であり，ニュートリノとは独立に太陽の内部構造を検証するものである．電磁波は光球表面から飛び出すため，中は不透明で見えない．しかし，音波など太陽ガス球の振動は，ガスの運動を通して観測することができる．音波はちょうど楽器のように，固有振動となって太陽内部を縦横に伝搬している（図2.4）．その伝搬特性は内部構造に依存しているので，太陽の内部構造に関する情報が得られる．これが日震学[*17]とよばれる学問である．

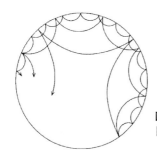

図2.4　太陽内部の音波の伝搬（桜井ほか編『太陽』図3.4をもとに改変）

なぜ振動によって内部構造がわかるのだろうか？　簡単のため音波で考えよう．音波振動の波長 λ と振動数 f の間には，音速を c_s として $c_s = \lambda f$ の関係がある（分散関係とよばれる）．だから，恒星内部のさまざまな深度の地点を伝わる音波の波長と振動数を星表面で観測すると，恒星内部の音速分布，ひいては温度分布がわかるのである．以下，もう少し詳しく説明しよう．

2.3.2　恒星の振動

2.2.4項で述べたように，太陽はつぶしたとしても圧力で跳ね返し，元に戻るという性質がある．すなわち，動径方向（r 方向）の摂動（振動）に対して安定である．不安定な恒星は，いったんつぶれると重力が圧力に比してどんどん強く

[*17]　英語で"helioseismology"．"seismology"とは地震学のことで，地震波を使って地球の内部構造を探る学問のこと．当初この訳語として「太震学」が考えられた．しかしその後，「太」には太陽の意味がない（単に「大きい」という意味）との指摘を受けて，「日震学」という訳語に落ち着いた経緯がある．

2.3 内部構造の検証：日震学

なって重力崩壊してしまうが，安定な星は，平衡となる半径の周りを星は振動することになる．その基本周期を求めてみよう．

星の動径方向の運動方程式は，今までの考察をもとに

$$\frac{d^2R}{dt^2} = -\frac{1}{\rho}\frac{dP}{dr} - \frac{GM}{R^2} \approx \frac{R}{t_{\rm sc}^2} - \frac{R}{t_{\rm dyn}^2} \tag{2.31}$$

と書ける．ここで，**音速通過時間**[*18)]および動的時間は，それぞれ

$$t_{\rm sc} \equiv \frac{R}{c_{\rm s}} \sim R\sqrt{\frac{\rho}{P}}, \quad t_{\rm dyn} \equiv \sqrt{\frac{R^3}{GM}} \tag{2.32}$$

で与えられる．静水圧平衡のとき，両者はほぼ等しいことに注意すると，振動の基本周期は，この音速通過時間あるいは恒星の動的時間となることがわかる．太陽の場合，おおよそ1時間である[*19)]．じつは太陽はこのおおよそ1/10である5分周期で振動しているのである．

このいわゆる「太陽の5分振動」が発見されたのは1961年のことである．前述したように太陽表面をじっくりみると，対流運動に伴う粒状斑の模様変化がわかるが，このランダムな運動成分を差し引くことにより，太陽面における5分振動の存在が明らかにされたのである．

現在では，その振動は，太陽内部における音波の伝搬で説明される．しかし，振動の周期が5分と短いのは，振動が太陽内部全体ではなく，（主として）表面

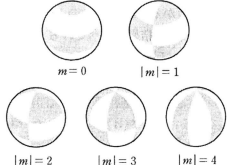

図2.5 恒星の非動径振動（柴田ほか編『活動する宇宙』図2.4）

[*18)] 英語で"sound crossing time"．
[*19)] 1.3.3項参照．動的時間とは圧力が働かないとしたときの崩壊時間を表す．主系列星の関係 $R \propto M$ を入れると $t_{\rm dyn} \propto M$，すなわち動的時間は大質量星ほど長くなることがわかる．

近くの一部のみが振動していることを示す（図2.4）．太陽は，全体が協調して動経方向に伸び縮みする**動径振動**ではなく，部分的に**非動径振動**しているということだ．図2.5はその模式図である．

2.3.3 日震学でわかったこと

音波伝搬を調べることで，どういう情報が得られるのだろうか？

まず，ドップラー効果の観測から，太陽表面の各点における振動パターン（時間変動）$v(\boldsymbol{x}, t)$ のデータを得ることができる．この振動パターンを，固有関数で展開しよう．すなわち，n, ℓ, m をそれぞれ，動径 (r) および角度 (θ, ϕ) 方向の節の数とすれば，

$$v(\boldsymbol{x},t) = \sum_n \left(v_{r,n}, v_{h,n}\frac{\partial}{\partial \theta}, v_{h,n}\frac{1}{\sin\theta}\frac{\partial}{\partial \phi} \right) \sum_{\ell, m} Y_\ell^m(\theta, \phi) \cdot \exp(-i\omega t) \quad (2.33)$$

と書ける．ここで，$v_{r,n}$ と $v_{h,n}$ は動径方向および水平方向（動径方向に垂直な方向）の固有関数で r 依存性をもっている．$Y_\ell^m(\theta, \phi)$ は球面調和関数であり，量子力学の水素原子の波動関数としておなじみのものである．この関係を，内部構造の基本方程式に代入することにより，波数 $k = 2\pi/\lambda$ と角振動数 $\omega = 2\pi f$ の間の関係が得られる（図2.6）．

さて，この図は一体何を意味するのだろうか．音波の分散関係から，

$$\omega = c_s k \quad (2.34)$$

を得る[*20]．すなわち，図の傾きは音速を表しているのである．実際，図2.6の線を1つたどってみると，波数が大きくなるにつれ傾きが小さくなることがわかる．これは，波数が大きい（波長が短い）波ほど，より低温の（音速の小さな）表面付近を伝搬するということと符合する．どの程度深いところまで伝搬するかはモードごとに異なるので，この図から音速の動径 (r) 依存性が求められ，観測と理論がよい一致をみた．

ある意味で，この一致はとても不思議ともいえる．太陽の内部構造理論で一番の不定性は，対流におけるエネルギー輸送率にあるといえる．また，吸収係数にも相当の不定性があると思われていた．そのような不定性にもかかわらず，音速分布が観測とよい一致をみたということは，ある意味で驚きであったのであ

[*20] 波数を波長 λ で，角振動数を $f = \omega/(2\pi)$ で書き換えると $c_s = f\lambda$ となる．

2.3 内部構造の検証：日震学

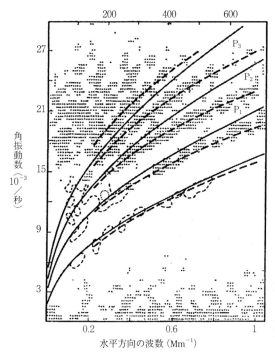

図 2.6 太陽の k-ω 図（柴田ほか編『活動する宇宙』図 2.3，原図は Ando and Osaki (1975)）
陰は観測値，実線と点線は理論の予想．

る[*21]．一方で，表面対流層の深さが半径にして約 30% ということも判明した．

さて，日震学でわかるのは，音速分布だけではない．今まで理論的にはわからなかったこと，すなわち太陽内部の自転速度分布も，日震学に基づく解析により解明されたのである（図 2.7）．太陽の自転により，音波の振動数が進行方向に依存して微妙に変化（ドップラー偏移）するからである．こうして得られた結果に世界中の研究者が驚いた．それまでの太陽中心部は，表面より高速回転しているという予測と大きく異なり，太陽内部の自転角速度は緯度によらず，表面の値（の平均）とほぼ同じだったからである．

[*21] この理由は，対流層で対流がよく効いて断熱の温度分布を実現しているからである．すなわち，温度構造は対流フラックスの詳細によらずに決まっている．

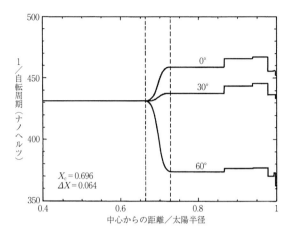

図 2.7 太陽内部の回転速度分布（柴田ほか編『活動する宇宙』図 2.6, 原図は関井 (1998)）

2.4 太陽大気の現象

今まで，太陽の内部構造を中心に，恒星（主系列星）の特徴についてみてきた．しかし，太陽の活動性は，そのエネルギー源となる中心核や，それをとりまく放射層や対流層だけで決まるものではない．たとえば，太陽を紫外線やX線，電波など，可視光以外の電磁波でみるとき，コロナや彩層とよばれる太陽光球をとりまく外層大気が激しく活動していることがよくわかる．

2.4.1 太陽大気

中心核とはまた別の活動性の源である，太陽大気について簡単にまとめておこう．図 2.8 は太陽大気の温度・密度構造である．可視光で見た太陽の表面が光球であり，その上に温度 1 万 K ほどの彩層，100 万 K のコロナが乗っている．

光球（photosphere）　厚さおおよそ数百 km の薄い層．温度はおおよそ 5700 K. 拡大すると粒状斑という粒模様がよくみえる．粒状斑は太陽表面直下におけるガスの対流運動により，太陽表面が始終もこもこゆれ動いているのである（図 2.9）．味噌汁を温めたときにも同様のパターンが見られる．

彩層（chromosphere）　日食時に深紅にみえる，7000〜1 万 K の薄い（2000 km）層．深紅にみえるのは，水素のバルマー α 線（656.3 nm）放射が強いためである．

2.4 太陽大気の現象

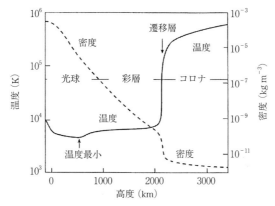

図 2.8 太陽大気の温度構造（実線）と密度構造（破線）
（Lang (2001) Fig. 5.23 をもとに改変）

図 2.9 太陽表面にみられる粒状斑
（桜井ほか編『太陽』図 5.2）

コロナ（corona） 日食時に真珠色にみえる高温（おおよそ百万 K）のぶ厚い層．地球にある物質（鉄など）が，地球よりはるかに高温領域で電離が進んだものを見ていることがわかっている．

2.4.2 彩層・コロナの加熱問題

彩層やコロナは，なぜ光球よりも温度が高いのだろうか？　その加熱機構はいったい何だろうか？

これは，太陽中心部で生成されたエネルギーの輸送だけでは説明できない．なぜならば，放射にせよ対流にせよ，基本的に（熱）エネルギーは温度の高いとこ

ろから低いところに流れるからである．これでは，光球より高温の彩層やコロナの加熱は説明できない．

現在，彩層・コロナ加熱には，磁場が深く関与していると考えられている．エネルギー解放の具体的機構として，代表的な説は2つある．MHD（電磁流体力学）波説と磁気リコネクション説である．

MHD波説とは，光球面で振動などのエネルギーがまず波に貯えられ，その波が彩層・コロナに伝搬してから，貯えられたエネルギーを解放するという説である．当初は，音波が考えられたが，音波はすぐにエネルギー散逸が起こるため，エネルギー伝搬に向かないことが判明し，磁場の影響が議論された．磁場を帯びた流体は3種類の波をもつことが知られている．このうちのアルフェン波とよばれる横波が，コロナ加熱機構として有力視されている．

磁気リコネクション説とは，磁場に貯えられたエネルギーが，磁力線のつなぎ換えにより解放されるという説である．しかし，抵抗値ゼロの理想MHDでは，このような磁力線のつなぎ換えは起こらない．何らかのミクロなプロセスが抵抗を生み出し，それがグローバルな磁場形状をコントロールしていると考えられている．

いずれも仮説の段階であり，謎解明には観測データが欠かせない．今後の詳細な太陽表面観測が待たれる．

2.4.3 太陽大気の活動性

こうした太陽大気では，いろいろな活動が起こることが知られている．代表的なものを以下にあげる．

黒点（spot）　可視光でみて，周りより黒くみえるところで強い磁場が観測されている．温度はおおよそ4000Kで，周囲の温度（おおよそ6000K）より低いことがわかっている．しかしX線でみると，逆に黒点は明るくみえる．これは，磁場の働きでX線を出す高温ガスが黒点上空に満ちているためであると考えられる．なお，黒点は11年周期で増減することが知られている（図2.10）．

フレア（flare）　太陽表面の爆発的エネルギー解放現象のことで，電波からγ線まで強い放射が観測されている．図2.11は日本の「ひので」衛星による太陽全面のX線画像である．ところどころ，X線で明るい領域がループ状に飛び出していることがわかる．これらはフレアなどにより急激なエネルギーの解放が起

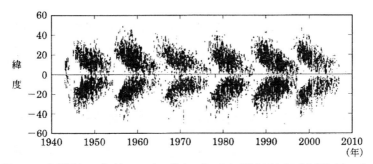

図 2.10 太陽黒点の「バタフライ・ダイアグラム」(桜井ほか編『太陽』図 6.2)
横軸：時間（年），縦軸：緯度．11 年周期で黒点の現れるパターンが繰り返される．

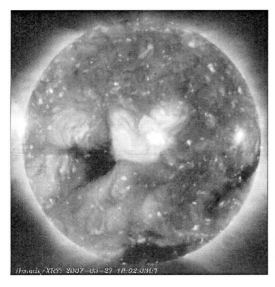

図 2.11 太陽全面の X 線画像
(「ひので」衛星 NAOJ/JAXA)

きているところである．

　規模によって分類がなされており，その頻度はエネルギーのべきにしたがって減少することが知られている．このフレアは，コロナの加熱を説明した 2.4.2 項で述べた「磁気リコネクションによる磁場エネルギーの解放」が原因と考えられている．太陽表面からかまぼこ状に浮き出た浮上磁場が上空においてリコネクションを起こし，激しいエネルギー散逸が起こる．そのエネルギーはコロナにあるガスを飛び出させ，それはコロナ質量放出とよばれる現象を引き起こす．一方，

Hα線（水素のバルマー線）で観測してみえる対のリボン構造は，リコネクションで暖められた電子が彩層にぶつかり加熱して光らせたと考えられているのである．

太陽風（solar wind）　コロナから飛び出す高温プラズマ（粒子）の流れのことで，密度は薄く（$n=1\sim10$ 個/cc），速度は，太陽表面の脱出速度程度（$v=300\sim800\,\mathrm{km/s}$）である．飛び出した荷電粒子が地球に達して極地方から突入するとき，大気分子と相互作用してオーロラが発生する．

ここにあげたのは，太陽表面現象のごく一部にすぎないが，太陽の活動現象の多くは，何らかの形で磁場が大きく関与していると考えられている．換言すれば，活動現象のエネルギーは，磁場のエネルギーの解放というふうに考えられている．

とはいうものの，磁場のエネルギーは，対流や回転など，星の運動エネルギーによるものであり，その運動エネルギーは，もともと重力エネルギーが変換されたものであることには注意を要する．磁場は，そのエネルギーを自由自在に解放する媒体ということがいえる．

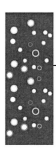

Chapter 3

恒星の構造と進化

恒星とは，天球上に固定されている星をいう[*1]．恒星は，歴史的には未来永劫に変化することのない宇宙（天界）の象徴と考えられたが，じつは長い時間スケールで進化している．

本章では，現代天文学の最大の成果の一つである恒星進化理論とその観測による実証を概説する．まず恒星の分類や特徴を述べた後（3.1節），恒星進化を操る原子核反応について紹介し（3.2節），軽い星と重い星に分けてそれぞれの恒星の進化のエッセンスを説明する（3.3節）．最後の3.4節では恒星を巡る話題をいくつか取り上げる．

3.1 恒星の特徴

まず，恒星に関する大事な諸量をまとめておこう[*2]．

3.1.1 恒星の光度とスペクトル型[*3]

恒星の光度とは星表面から単位時間あたりに放射される全放射エネルギー量をいい，等級で表される．等級が1等級増えるごとに，観測者が受け取る光量はおおよそ1/2.5になる（1.2.3項）．

星の光をプリズムなどで波長ごとに分けると，スペクトルが得られる（分光観測）．恒星の連続スペクトルは，ほぼ星の表面温度の黒体放射で表される．また

[*1] 日本語で「星」というと惑星や彗星も含めるが，英語で "star" は恒星のことで，惑星（"planet"）や彗星（"comet"）とは区別している．
[*2] 恒星までの距離の測り方については1.2.1項コラムA：パーセク（pc）とはおよび3.4.1項を参照のこと．
[*3] 本項の内容全般については1.2.4項も併せて参照されたい．

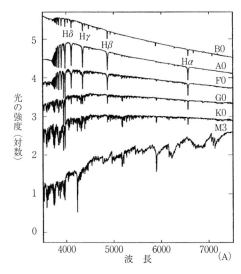

図 3.1 スペクトル型ごとの恒星スペクトル（可視光域のみ）（野本ほか編『恒星』図 1.3，原図は Kirkpatrik（2005））

線スペクトルは大気の温度や表面重力，密度，化学組成，運動，磁場強度などの情報を含んでおり，星について知る上で極めて有用である．

星の吸収線強度などをもとにスペクトル型が定義される．すなわち

$$\text{O-B-A-F-G-K-M (-L-T)}$$

である．O 型，B 型は高温で青い星で，右にいくほど低温の星となり，K 型，M 型は赤い星である．なお，L 型，T 型は極端に低温の恒星で**褐色矮星**とよばれる[*4]．

しかし，なぜ恒星のスペクトル型の順序は，一見，規則性がないのだろうか？どうやら恒星スペクトルで一番目立つ水素のバルマー線の吸収の強さから決められたようだ[*5]．一番目立つのが A 型，その次が B 型，…，F 型，G 型ということである．ただし C 型〜E 型は現存していない．ほとんど見えないのが O 型で，これは高温のため水素が完全電離するからだ．水素の吸収線が最も強いのは，表面温度が 1 万度ほどのときで，これが A 型である．それより高温でも低温でも吸収線強度は弱くなる．

[*4] 英語で"brown dwarf"．主系列星と異なり低温のため水素の核融合反応を起こさない星である．矮星（dwarf）といっても白色矮星の親戚ではない．
[*5] Shu（1982）p.163 参照．

3.1.2 恒星の HR 図

HR 図（ヘルツシュプルング・ラッセル図）とは，星の分類や内部構造・進化を表す 2 次元図（一種の相図）であり，それを提唱した 2 人（E. Hertzsprung と H. N. Russell）の人名から名づけられた．縦軸に光度（あるいは距離が同じ星団の場合，見かけの等級），横軸にスペクトル型（左から O, B, …）あるいは表面温度（左ほど高温）をとる（図 3.2）．

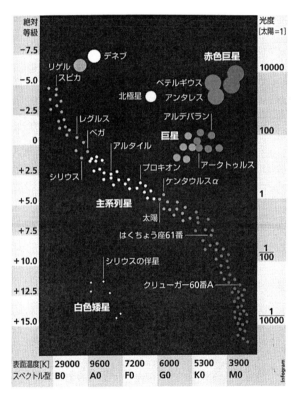

図 3.2　恒星の HR 図（嶺重・鈴木編『新・天文学入門』（岩波ジュニア新書）第 3 章図 12）

この図によると，恒星は大きく 3 つのグループに分類できることがわかる．**主系列星**，**赤色巨星**，**白色矮星**である．

HR 図上で左上から右下にわたって分布する，一番数の多いグループが**主系列星**である．これは太陽のように，中心核における水素の核融合反応で光っている

星々である[*6]。主系列星がなぜ，幅の狭い「系列」になるのかというと，それは主系列星が基本的には1パラメータで記述できるからだ．その最重要パラメータは質量である．質量が大きいほど光度は大きく，温度は高く，色は青くなる[*7]（表3.1）．たとえば，こと座のベガ，おおいぬ座のシリウスは，太陽より大質量の主系列星である．

表3.1 主系列星のスペクトル型とその特徴 *

スペクトル型	有効温度 (K)	色	質量 ($M_\odot$)	半径 ($R_\odot$)	実視絶対等級
A型星	9,600	青	3	2.5	+0.5
G型星	6,000	黄	1.1	1.0	+4.4
M型星	3,900	赤	0.5	0.6	+8.7

* ここでは概略のみ記した．より詳細な特徴については『理科年表』（丸善出版）を参照のこと．

HR図上，右上に分布するグループは**赤色巨星**とよばれる，主系列星が進化してふくらんでしまった種類の星である．$L=4\pi R^2 \sigma T_{\rm eff}^4$ という関係[*8]を使うと，HR図上で右上（低温で高光度）の領域は半径の大きな恒星が占めることがわかる．また低温なので色は赤い．オリオン座のベテルギウスやさそり座のアンタレスがその代表例である．

逆に，HR図上で左下（高温で低光度）の領域は，小さな星の群れで**白色矮星**とよばれる．主系列星のおおよそ1/100の半径しかない（すなわち，おおよそ地球型惑星程度となる）．しかし質量は太陽質量程度あり，惑星よりはるかに大きい．なお，白色矮星が小さな理由については第5章で述べる．

HR図は，恒星を2次元分類した図という見方もできる．表面温度と放射光度が分類するときの基本パラメータであるが，より恒星の性質と結びつけるには恒星半径を頭に描くとよい．すなわち，$L=4\pi R^2 \sigma T_{\rm eff}^4$ から，同じ表面温度 $T_{\rm eff}$ に

[*6] 文献によって，主系列星を（巨星に対し）矮星ということがある．矮星といっても，白色矮星とは異なるグループであることに注意されたい．

[*7] 3.1.4項でやや詳しく論じる．

[*8] 1.2.4項の黒体放射の項目参照．星表面からの放射は表面温度 T の黒体放射でよく表される．正確には温度 T は有効温度，すなわち放射フラックス f_ν に対し $\int f_\nu d\nu = \sigma T_{\rm eff}^4$ を満たす温度として定義される．以下，表面温度を $T_{\rm eff}$，星の中心を T と記す．

対し大光度ほど半径 R が大きいことがわかる.

そこで恒星の2次元分類法として，スペクトル型と**光度階級**を用いるのが一般的である[*9]．光度階級とは，Vを主系列星，Iを最もサイズの大きな超巨星とし，その間を3分割して分類したものである．

なお，星のHR図上の位置は，その進化と共に移動することが明らかになる．後ほど論じるように主系列星は進化して膨張し，巨星となるのである．

3.1.3 主系列星の特徴

主系列星の特徴や内部構造について，やや詳しくみていこう．

1) 質量分布 主系列を決定する最も重要なパラメータは質量である（次に化学組成）．主系列星の質量には，上限と下限がある．上限は星の安定性から決まる．超大質量星は不安定だからである．その理屈は以下の通り．

第2章で議論しているように，恒星が不安定になる条件は，比熱比 $\gamma<4/3$ である（2.2.4項）．ところで恒星は大質量になるほど，放射圧とガス圧の比が大きくなる．放射のエントロピーは

$$s_{\mathrm{rad}} \propto aT^3/\rho \quad (a \text{ は放射定数}) \tag{3.1a}$$

と書けるので，断熱の関係（$s_{\mathrm{rad}}=\mathrm{const.}$）から $\rho \propto T^3$，よって

$$P_{\mathrm{rad}} \propto T^4 \propto \rho^{4/3} \rightarrow \gamma=4/3 \tag{3.1b}$$

となる．しかし，恒星の場合，常にガス圧の寄与があるので，必ず $\gamma>4/3$ であり，このままでは不安定にはならない．ところが，一般相対論的効果を考慮すると，γ が $4/3$ より多少大きくても不安定になる．というのも一般相対論的な恒星に対する静水圧平衡の式は

$$-\frac{dP}{dr} = \frac{GM_r}{r^2} \frac{[\rho+(P/c^2)]\,[1+(4\pi r^3 P/m)]}{1-[GM_r/(rc^2)]} \tag{3.2}$$

となり，重力がより強められるからである．実際，右辺の補正項はいずれも右辺を大きくすることに注意しよう．一般相対論では圧力も重力として寄与するのだ．そのため大質量星は不安定となり，重力収縮してブラックホールとなる．質量が数百太陽質量以上の星は不安定になるが，上限質量との関係は明らかではない

主系列星の質量の下限は，水素の核融合が起こるかどうかで決まる．質量が小

[*9] このような2次元分類をMK（Morgan-Keenan）分類とよぶ．

さいほど，静水圧平衡から中心圧力は小さく，中心温度は低くなり，水素が燃えなくなってしまう．その下限質量はおおよそ0.08太陽質量である．0.08太陽質量以下の恒星を褐色矮星という．

なお，恒星質量ごとの個数分布は質量関数とよばれる．サルピーター（E. E. Salpeter）やスケーロー（J. M. Scalo）の質量関数がよく知られている．たとえばサルピーターの初期質量[*10)]は，星質量 M のべき関数で表される．

$$\phi(M) \propto M^{-2.35} dM \tag{3.3}$$

すなわち軽い星ほど数が多いことがわかる．

2) 化学組成　化学組成とは，元素の重量比のことである．伝統的に，水素（H）の相対量を X，ヘリウム（He）の相対量を Y，それ以外の元素（天文では重元素とよぶ）を Z で表す．相対量なので，定義により，$X+Y+Z=1$ である．

ちなみに，太陽の組成はおおよそ $X=0.70$，$Y=0.27$，$Z=0.02$ である．このような組成の星を**種族I**の星という．**種族II**の星は，水素量は種族Iとほぼ同じであるものの，重元素量 Z が0.01以下しかないものをいう．さらに，宇宙初期には**種族III**とよばれる重元素量ゼロの星があったとされる．この星は観測的に未発見であるが，その存在は確実視されている．化学組成は，宇宙史を考える上でも極めて重要なパラメータなのである．

3.1.4　主系列星のスケーリング関係

さて，第2章であげた基本方程式（2.19a）〜（2.19d）を組み合わせて解くことにより，主系列星の基本（スケーリング）関係が得られる．一般に主系列星の基本量は，質量 M のべき関数で表すことができる．

1) 質量-半径関係　ごくおおまかにいって，恒星の半径は質量に比例する．これは以下のように理解することができる．恒星の大きさ（半径）は静水圧平衡で決まると第2章で述べた[*11)]．すなわち（2.19b）式から，中心圧力を P_c，中心温度を T_c として半径 R は

$$\frac{GM}{R^2} \sim \frac{1}{\rho}\frac{P}{R} \rightarrow \frac{GM}{R} \sim \frac{P_c}{\rho} \sim \frac{k}{m_p}T_c \tag{3.4}$$

[*10)]　英語で Initial Mass Function，略して IMF とよばれる．
[*11)]　2.1.2項参照．

が成立する．中心温度が質量によらずほぼ一定（〜1600万K，すなわち水素核融合反応が起こる温度[*12)]）とおくことにより

$$R \propto M \tag{3.5}$$

を得る．

2) 質量-光度関係 散乱のオパシティ（$\kappa \propto \rho^0 T^0$）を考えると，(2.19c) 式と (2.21) 式から

$$L \propto \frac{RT^4}{\rho} \propto M^3 \tag{3.6}$$

ここで，$R \propto M$，$\rho \propto M/R^3 \propto R^{-2}$，$T \propto M^0$ といった関係を用いた．実際，数値計算の結果，いい近似として

$$L \propto M^{3.5} \tag{3.7}$$

が得られる．主系列星は，質量が2倍増えるごとに，おおよそ1桁明るくなることになる（図3.3）．

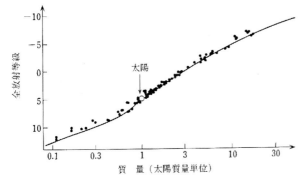

図3.3 主系列星の質量-光度関係（斉尾『星の変化』第3章図4，原図はKippenhahn and Weigert (1990)）

3) 質量-表面温度関係 質量-光度関係 (3.7) 式と (1.12) 式を組み合わせることにより，質量と表面温度（T_{eff}）の間の関係として

$$L \propto M^{3.5} \;\&\; L \propto R^2 T_{\text{eff}}^4 \;\to\; T_{\text{eff}} \propto M^{1.5/4} = M^{0.4} \tag{3.8}$$

を得る．すなわち，重い主系列星ほど温度は高く，色は青い．

4) 質量-寿命関係 主系列星の寿命は，燃料の量（おおよそMに比例）を単位時間あたりの消費量（$L \propto M^{3.5}$に比例）で割ったものに比例する．太陽の寿命

[*12)] これは水素核融合反応が起こる温度．反応率は温度の高いべきに比例するので，質量などのパラメータを変えても中心温度はあまり変わらないことになる．

がおおよそ100億年であることを使うと
$$\tau = 10^{10}(M/M_\odot)^{-2.5}\,[\mathrm{yr}] \tag{3.9}$$
となる．重い星ほど短命で，O型星（たとえば $M \sim 20M_\odot$）は数百万年の寿命しかないことがわかる[*13]．

このように質量によって恒星の寿命が極端に異なることは，われわれが今，ここにいることと重要な関係がある．すなわち，宇宙が生まれて138億年の間にわれわれの体や地球を形づくる重元素を十分な量生成するには，大質量星は短時間でせっせと重元素をつくっては超新星爆発（3.2節以降で説明）でばらまき，再び大質量星をつくって中でさらに重元素を合成してばらまく，といった循環を何回も繰り返さなくてはならない．一方で，地球上で生命が進化する数十億年の間，太陽のような小質量星は，その惑星の中で生命が発生し高等生物に進化するまで，ずっと同じように光りつづけてなくてはいけないからである．

主系列星のスケーリング関係		
質量–半径関係	$R \propto M$	(3.5)
質量–光度関係	$L \propto M^{3.5}$	(3.7)
質量–表面温度関係	$T_{\mathrm{eff}} \propto M^{0.4}$	(3.8)
質量–寿命関係	$\tau \propto M^{-2.5}$	(3.9)

3.2 恒星内部の原子核反応

恒星内部の原子核融合反応には，大きく2つの役割がある．(1) 恒星を光らせるエネルギーの生成と，(2) 元素合成である．

恒星進化は，その中で進行する原子核反応と密接な関連があることがわかっている．というのも，原子核反応に伴って生成されたエネルギーが恒星を活かす源だからである．以下では，恒星進化を論じる準備として，恒星や超新星爆発の際に起こる原子核反応について述べる．

[*13] 正確には，恒星の寿命は主系列星後の段階の時間も含むが，主系列段階の時間に比べ十分短いので，恒星の寿命〜主系列段階の時間としてよい．

3.2.1 熱核反応とは

原子核反応を起こすには高温が必要である．実際，太陽の中心温度は 1600 万 K もの高温である．なぜ高温が必要なのだろうか．2.1.3 項でも少し述べているが，もう少し詳しく説明をしよう．

水素原子核の融合反応の基本は陽子と陽子との融合である．しかし，これは容易ではない．陽子はプラスの電荷をもっており，2つの陽子が接近するとクーロンの反発力が働くからである．図 3.4 はその模式図である．クーロンの反発力を乗り越えれば，核力（引力）により互いに引き合い，2原子核は融合できる．このクーロン障壁を乗り越えるために，核子は大きな（運動）エネルギーをもっていなくてはいけない．そのために高温が必要なのである．

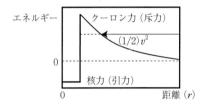

図 3.4 原子核ポテンシャルの模式図

そうはいうものの，話はそう単純ではない．クーロン障壁を完全に乗り越えるには，1600 万 K でも足りないのだ．ではなぜ，太陽中心で核融合反応が進行しているのだろうか．それは，量子力学的効果，トンネル効果のおかげである．完全にクーロン障壁を乗り越えるエネルギーがなくても，波動関数の「しみだし」により，陽子は障壁を透過できる．その透過確率はおおよそ

$$P(v) \propto \exp(-2\pi r_0/\lambda_\mathrm{p}) \tag{3.10}$$

と書ける．ここで $r_0[=(1/2\pi\varepsilon_0)(e^2/m_\mathrm{p}v^2)]$ は，運動エネルギー $(1/2)\mu m_\mathrm{p}v^2$ と陽子のつくる静電ポテンシャル $e^2/(4\pi\varepsilon_0 r)$ が等しくなる半径（μ は換算質量で陽子同士の衝突の場合 $\mu=m_\mathrm{p}/2$，e は素電荷，ε_0 は真空の誘電率），すなわち与えられた運動エネルギーで古典的に達することができる半径であり，$\lambda_\mathrm{p}(=h/m_\mathrm{p}v)$ は陽子のコンプトン波長である．この確率は，高温ほど，すなわち速度 v が大きいほど高くなり，核融合反応を開始することができるのである．

3.2.2 pp チェイン

具体的に，ヘリウムが合成されるまでの過程をみてみよう．一番単純な過程

(ppI) は次のように表される.

$$\begin{aligned}{}^{1}_{1}\text{H}+{}^{1}_{1}\text{H} &\rightarrow {}^{2}_{1}\text{H}+{}^{1}_{0}\bar{\text{e}}+{}^{0}_{0}\nu \\ {}^{2}_{1}\text{H}+{}^{1}_{1}\text{H} &\rightarrow {}^{3}_{2}\text{He}+{}^{0}_{0}\gamma \\ {}^{3}_{2}\text{He}+{}^{3}_{2}\text{He} &\rightarrow {}^{4}_{2}\text{He}+2{}^{1}_{1}\text{H}\end{aligned} \quad (3.11)$$

いくつかコメントしておこう.

1. 陽子と陽子の衝突から出発する（そのため pp チェイン（陽子-陽子連鎖反応）とよばれる）.
2. 正味の反応は

$$4{}^{1}_{1}\text{H} \rightarrow {}^{4}_{2}\text{He}+2{}^{1}_{0}\bar{\text{e}}+2{}^{0}_{0}\nu \quad (3.12)$$

で与えられる.
3. ヘリウム3($^{3}_{2}$He) ができた後，それにもう一つ陽子をぶつければ容易にヘリウム4ができそうな気がするが，この反応は弱い相互作用（β崩壊）を伴うために起こりにくい.
4. ppI のほかにも ppII, ppIII という2つの過程があり，ベリリウム（Be）やホウ素（B）といった元素がつくられる（図3.5）．このとき出てくるニュートリノは，エネルギーが大きくてとらえやすいため，太陽の内部構造理論の検証に用いられる（3.4.2項参照）．
5. pp チェインによる単位体積あたりのエネルギー発生率は，おおよそ $\varepsilon \propto \rho T^4$ で表される．一般に，核反応率は温度 T に極めて敏感である.

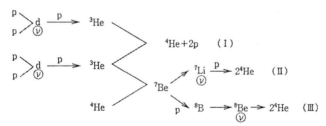

図3.5　3種類の pp チェイン反応（高原『宇宙物理学』図2.6）

3.2.3 CNO サイクル

太陽も含め，太陽質量以下の質量の恒星の中では，主として pp チェインによ

図 3.6　CNO サイクル（高原『宇宙物理学』図 2.7）

り水素が燃えている（核融合反応を起こして消費されている）[*14]．それより重い星では pp チェインと同じく水素がヘリウムに変換されるのだが，別の過程，すなわち CNO サイクルがメインな反応であることがわかっている．

CNO サイクルの各過程は図 3.6 の通りである．pp チェインのときと同様に，いくつか大事な点をコメントしておこう．

1. pp チェインと同様，1 サイクルにおける正味の反応は (3.12) 式で与えられ，CNO 各原子に増減はない．CNO 原子核は一種の触媒としての作用をする．
2. 温度が高いと通常の CNO サイクル（CNO-I）に加えて，^{17}F を生成する CNO-II サイクルも起こる（図 3.6 の右上のサイクル）．
3. CNO サイクルによるエネルギー発生率は，$\varepsilon \propto \rho T^{16}$ で表される．すなわち，pp チェインよりもさらに温度依存性が高い．

最後の 3 つ目のポイントは恒星の安定性という面からも極めて重要である．核反応によるエネルギー発生率が温度 T に敏感ということは，逆にいうと，温度は大きく変化できないということである．少しでも温度が上昇（あるいは下降）すると，たちまちにエネルギー生成率が大きく増加（減少）し，星は膨張（収縮）して密度・圧力が減少（上昇），エネルギー生成率は低下（上昇）して，元の温度に戻ろうとするからである．これをネガティブフィードバックという．あるいは，「安全弁」という言い方もできよう．恒星の核融合炉には，暴走を防ぐ「安全弁」がついているのである．

こうして太陽は 40 億年以上ほぼ一定割合でエネルギーをつくり出し，太陽定数はほぼ一定となり，地球上での生命誕生および生物進化を担うことができたのである．

[*14]　厳密にいうと，核融合反応は燃焼反応ではない．が，天文学の文献をみるとしばしば，水素燃焼（"hydrogen burning"）といった表現をすることがある．

以上をまとめると次のようになる．

> - 恒星における核融合反応（安定な水素燃焼）：
>   温度↑ ⇨ 圧力↑ ⇨ 膨張 ⇨ 密度↓温度↓
>   ⇨ 核反応率↓ ⇨ 温度↓
> - 水爆における核融合反応（不安定な水素燃焼）：
>   温度↑ ⇨ 圧力↑ ⇨ 核反応率↑ ⇨ 温度↑↑
>   ⇨ 核暴走（大爆発）

恒星をはじめとして，自己重力系においてはエネルギーを加えることにより，系は膨張して逆に温度が下がる．恒星は「**負の比熱**」をもつと表現されるのはこのことである（2.2.3項）．

3.2.4 原子核の束縛エネルギー

ヘリウム原子核は水素原子核の融合で生成されるとして，核融合で地上にある（そして宇宙に存在する）元素はすべてできるのだろうか？ もしできないとしたら，どの元素が核融合で生成されるのか，それ以外の元素はどのように生成されたのか．前者の問いに答えるためには，原子核の一核子あたりの**束縛エネルギー**を調べるのが有用である．

図3.7は束縛エネルギーを原子量の関数として示したものである．図3.7にはいくつか重要なポイントが含まれている．

1. 水素から鉄（Fe）まで，束縛エネルギーは増加傾向にある．それは，核力（引力）とクーロン力（斥力）との競合関係の結果である．核子数が増えるにつれて中性子数も増える．核力は陽子と中性子の両方に働くが，クーロン力は陽子にしか働かない．原子核において陽子数が増えるごとに中性子数も増えるため，表面張力が減少することにより原子核は安定化されるのである．換言すると束縛エネルギーは大きくなる．

2. 原子核を構成する核子数が4の倍数の原子核は，その前後の原子核より束縛エネルギーが大きくなる．すなわち，より安定になるのである．これは，原子核の中の陽子と中性子のスピン相互作用による．陽子（中性子）スピンは1/2なので上向きと下向きと2通りのスピンがあるが，上向きの

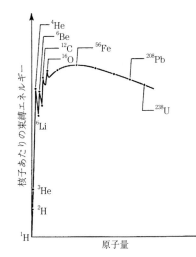

図 3.7 原子核の核子一個あたりの束縛エネルギー
(Shu（1982）Fig. 6.7 をもとに改変)

陽子（中性子）と下向きの陽子（中性子）がペアをつくるとき，原子核はより安定になる．鉄より軽い元素では陽子数と中性子数はほぼ等しいので，核子数が 4 の倍数のときは，スピン相互作用により原子核は安定化される．

3. 束縛エネルギーは，鉄より先，減少傾向にある．その理由は以下の通りである．1 で，核力とクーロン力の競合で束縛エネルギーが決定すると述べたが，両者にはそれが作用する粒子だけでなく，もう一つ決定的な違いがある．核力は短距離力であり，パイオンのコンプトン波長くらいまでしか働かない[15]．一方，クーロン力は（ほかの電荷をもつ粒子がじゃまをしない限り）遠距離力である[16]．すなわち，原子核のサイズが大きくなると，核力は急激に弱くなるのである．それがこの傾向を説明する．

さて，原子核をどのように生成していくかという問題に戻ろう．上にあげた 3 点から以下の結論が導かれる．

---

[15] ポテンシャルの形を式で書くと $\exp(-\mu r)/r$，ここで μ はパイオンのコンプトン波長の逆数であり，核力の到達距離を示すことになる．この形のポテンシャルは湯川秀樹が核力の説明をするにあたって導入したもので，"Yukawa potential" とよばれる．

[16] 実際，クーロン力 $F(\propto r^{-2})$ を半径 r の球の表面積で積分すると，$4\pi r^2 F = $ const. となる．この意味で，クーロン力は，（別符合の荷電粒子によってその力を打ち消されない限り）無限遠まで伝わる．重力も全く同じである．

1. 束縛エネルギーが鉄まで増加傾向にあるということは，核融合によって原子核は，より安定になるということである．こうして，鉄の原子核まで核融合によってつくられる．
2. ヘリウム（He），ベリリウム（Be），炭素（C），酸素（O）が安定な元素であることは図から読みとれる．しかしよく見ると，ベリリウムはヘリウムより束縛エネルギーが小さい．これは，ベリリウム原子核はヘリウム原子核の融合によりできないことを意味する．何らかのトリックが必要である．これを可能にするのが，次項で述べる 3α 反応である．
3. 鉄より先は，原子核は融合により逆に束縛が弱まる．すなわち，核融合によりできない．ほかのプロセス，すなわち，次項で述べる中性子捕獲が必要になるのである．

3.2.5 重元素の合成

3α 反応 ヘリウム原子核から炭素，酸素などの原子核をどうつくるか．この問いに対する解答を見出したのはサルピーターとホイル（F. Hoyle）である．

まずヘリウム 4 同士を融合させる．

$$^4\mathrm{He}+{}^4\mathrm{He} \to {}^8\mathrm{Be}+\gamma \tag{3.13}$$

右辺のほうが束縛エネルギーが小さいため，逆反応が起きてあっという間に元に戻ってしまう（半減期は 10^{-44} 秒である！）．しかし，逆反応が起こる前に，もう一つヘリウム原子核をぶつけるとどうなるか．

$$^8\mathrm{Be}+{}^4\mathrm{He} \to {}^{12}\mathrm{C}^*+\gamma \tag{3.14}$$

このように炭素原子核の励起状態に至る反応が可能になるのである．励起状態にある炭素原子核は基底状態に遷移する．こうして，ヘリウム 4 の原子核 3 個から炭素原子核が 1 個できる反応が可能になった．ヘリウム 4 原子核は別名，α 粒子ともよばれることから，この反応は **3α 反応** とよばれている．

しかし，逆反応が起こる前に次のヘリウム原子核をぶつけないといけないことからわかるように，この反応はよほどの高温，高密度にならないと起こらない．実際，それが起こる典型的な温度は 1 億度，密度は $10^5\,\mathrm{g\,cm^{-3}}$ と，現在の太陽中心では起こり得ない反応である[*17]．エネルギー生成率は $\varepsilon \propto \rho^2 T^{24}$ と，CNO

[*17] 太陽の将来，すなわち，主系列を終わって巨星フェイズを経た後には太陽中心でも起こると考えられている．

3.2 恒星内部の原子核反応

サイクルのそれより，さらに温度依存性が高く，また3体反応であることを反映して，密度の2乗に比例することが特徴である．

鉄までの合成 いったん炭素をつくると，それより先は，核子数の増加と共に核子一個あたりの束縛エネルギーは（ほぼ）単調増加するため，核融合反応により次々と鉄までの元素を合成することができる．どこまでの元素が合成できるかは，恒星の中心温度・密度が進化に伴ってどこまで上昇できるかによる．すなわち，太陽質量程度の恒星は炭素合成までしか起こらないが，それよりもずっと大質量の星はその先までつくることができるのである．

中性子捕獲とs過程，r過程 なぜ，鉄より重い元素では核融合反応が起こらないのか．それは，核融合反応によりエネルギー的に得な状態（より束縛エネルギーの大きな状態）に至り得ないことが原因であるが，別の言い方をすると，クーロン障壁を飛び越えて核融合を起こすのが難しいというのも一因である．

この問題は，中性子なら解決できる．中性子は電荷をもたないので，クーロン障壁を感じることなく原子核の中に飛び込めるからである．このような現象を**中性子捕獲**という．中性子捕獲には，大きく分けて2つのプロセスがある．s過程とr過程である．

中性子捕獲により核子数が増えた原子核の行き先には大きく2つある．そしてそれは，β崩壊により中性子が陽子に変化する過程と，別の中性子が新たに捕獲される過程との競争で決まる．

恒星内部の中性子捕獲反応ではβ崩壊が卓越する．すなわち，新たな中性子が捕獲される前に，加わった陽子はβ崩壊をして陽子となり，原子核は原子番号が一つ増える．この過程をs（slow）過程とよび，こうしてできた元素が**s過程元素**である．

一方，超新星爆発の際の超高温・高圧の状況下，あるいは中性子合体に伴い大量の中性子が存在する状況下では，β崩壊の時間スケールより，新たな中性子が捕獲する時間スケールが短くなる．すると，どんどん中性子が融合して，中性子が過剰となった核が生成される．これがr（rapid）過程であり，生成された核が**r過程元素**である．

図3.8にs過程元素とr過程元素をまとめておいた．r過程元素は中性子が過剰になると書いたが，実際にはそれにも限界がある．特に，中性子数が$N=50$，82，126のところは，中性子の捕獲断面積が小さくなるため，中性子の過剰の割

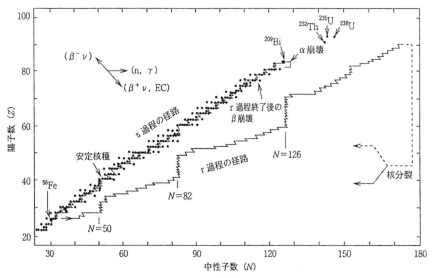

図 3.8 s 過程元素と r 過程元素（高原『宇宙物理学』図 3.8, 原図は Rolfs et al. (1987)）

合は制限されている．

3.3 恒星の内部構造と進化

恒星は進化[*18]する．恒星の存在は太古から知られているにもかかわらず，それが進化する（時間と共に形を変える）という考え方が定着したのは，天文学の歴史でいうと最近のことといってもよい．

3.3.1 軽い星の進化

では恒星の進化の概略をみていこう．恒星は，星内部での原子核反応の仕方（場所や燃料，エネルギー発生率）に大きく依存して形を変える．恒星のエネルギー源は核反応なのだから，それも当然だ．原子核反応という目で見えないミクロな過程が，恒星進化という目で見えるマクロな変化を引き起こすことは極めて興味深い．そして，行き着く先がコンパクト天体（白色矮星，中性子星，ブラッ

[*18] 天文学で「進化」というとき，生物学の「進化」とは異なる意味で用いる．すなわち，「恒星進化」とは一つの恒星の一生を指す．

クホール)であるということも興味深い[*19)].

(1) 巨星への進化

主系列星は,その中心で水素を燃やして光っている(H核燃焼).水素を消費しつくすと中心の核融合の火が消える.するとどうなるだろうか.

火が消えるとエネルギーは発生しなくなる.温度が下がり,圧力が下がって中心核はつぶれる.収縮するにつれその密度は上がり,やがて電子が縮退を始める.このとき,星の中で水素燃焼の火が完全に消えるのではない.それは中心核をとりまく領域で継続している(H殻燃焼[*20)]).外層には熱がたまって逆にふくらんでいく.光度は上がり,半径は大きくなり恒星は赤くなる.星はHR図上で右上に進化し,やがて赤色巨星になる(図3.9).

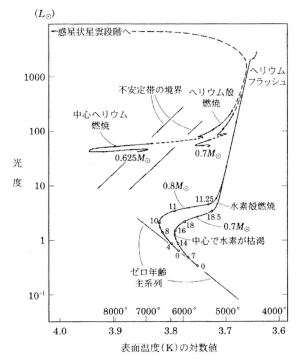

図3.9 軽い星の進化の道筋 (野本ほか編『恒星』図4.3,原図はIben (1991))

[*19)] 正確にいうと,星全体が吹っ飛んで何も残らないケースもあるらしい.
[*20)] 英語で"hydrogen shell burning".

(2) ヘリウム燃焼の開始

赤色巨星の中心部はさらにつぶれて温度がさらに上がっていく．やがて中心温度が1億度になるとヘリウム燃焼が始まる[*21)]（図3.10）．3α 反応により炭素が形成されるのである．

いったん，中心部に火がついてエネルギー生成が起こると，(1)で述べたことと逆のことが起こる．すなわち，中心核は圧力が高まって膨張し，逆に外層は収縮する．表面温度は上昇し光度は低下するので，星はHR図上で左下へ進化するのだ（図3.9）．ただし中心核のヘリウム燃焼に加えてH殻燃焼が継続しているため，主系列星よりずっと高光度になる．

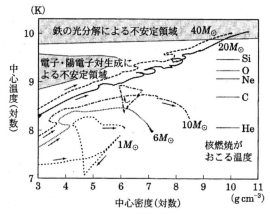

図3.10 恒星中心部の密度・温度変化と核融合反応（野本ほか編『恒星』図5.2，原図は野本『元素はいかにつくられたか』）

(3) 超巨星への進化と惑星状星雲

やがて中心部でのヘリウム燃料も枯渇する．再び(2)と同様に，中心核は重力収縮し，外層は膨張する．その後の進化は星の質量によって異なる．太陽質量程度の星の場合，半径は現在の300倍の大きさまでふくらみ，地球軌道（$1\,\mathrm{au} \sim 200\,R_\odot$）も飲み込んでしまうだろう．中心部はつぶれて白色矮星が露わ

[*21)] 縮退した中心部での燃焼は不安定で，ヘリウムフラッシュ（爆発的燃焼）を引き起こす．縮退圧は温度によらないので，温度が上昇しても中心部は膨張しないからだ（2.2.3項）．しかし，さらに温度が上がると縮退が溶け安定燃焼へと推移する．そのため，ヘリウムフラッシュは一時的で星全体を吹き飛ばすことはない．

になる.

　そうこうするうちに外層は重力ポテンシャル（$-GM/R$）が浅くなることにより，ふわふわと中心星からはがれていく．噴き出したガスが中心星に照らされて美しく光り，惑星状星雲[*22)]として観測されるのである.

3.3.2　重い星の進化

　重い星の進化は，軽い星の進化と比べ，質的にも量的にも異なる．原子核融合反応が，より重い元素まで進むことと，その進化のスピードが速い（$\tau \propto M^{-2.5}$）こと，この2点が重要である.

(1) タマネギ構造の形成

　大質量星の場合，進化が進むにつれて中心温度はどんどん上がっていく．図3.11に示したように，温度上昇に伴いC, O燃焼，Ne（ネオン），Mg（マグネシウム）燃焼，Si（ケイ素）燃焼とどんどん反応が進み，最終的に鉄まで合成される．こうして，中心に近づくほど重元素が主成分となる「タマネギ構造」ができあがるのだ.

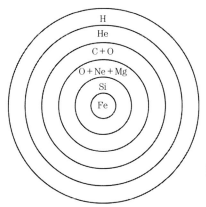

図3.11　大質量星のタマネギ構造
正しい縮尺でないことに注意.

　図3.12はHR図上の星の進化経路を質量ごとに表したものである．太陽より重い星は主系列を離れた後，ほぼ光度を保ったまま温度が低下する．$L \propto R^2 T_{\mathrm{eff}}^4$の関係を使うと星は膨張していることがわかる.

[*22)]　英語で "planetary nebula". なお, planetary とあるが, 「惑星」とは何の関係もない.

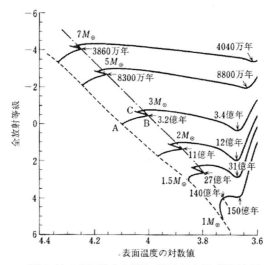

図 3.12 質量ごとの恒星進化の道筋（野本ほか編『恒星』図 4.1）

(2) 鉄の光分解と超新星爆発

鉄は最も安定な元素である（3.2.4 項）．だから，もうこれ以上核融合反応は起こらない．しかし中心部はさらに収縮し温度が上昇し，中心温度が 30 億度に達すると，鉄の光分解が始まる（図 3.10）．

$$^{58}\text{Fe} + \gamma \rightarrow 13\,^{4}\text{He} + 4n - 124.4\,[\text{MeV}] \tag{3.15}$$

この反応は吸熱反応だから，反応が進むにつれ中心部は圧力の支えをますます欠いていきどんどんつぶれていく．こうして星は重力崩壊するに至る．

重力崩壊に伴い，中心部の密度はいやがうえでも上昇する．そして最終的に原子核密度になった時点で収縮は止まる．中性子星の形成である．

すると，堅い表面ができたことにより，中心核に落ちてきた物質が跳ね返される．そのとき，莫大な重力エネルギーが解放され，衝撃波あるいはニュートリノ放射によって外層へと運ばれ，最終的に外層全体を吹き飛ばす大爆発となる．これが重力崩壊型超新星の基本メカニズムである．その中では，中性子捕獲などにより，さらにさまざまな元素の合成が起こり（超新星元素合成），生成された元素は星間空間に放出される．

(3) 超新星の分類

超新星は何種類にも分類されることが知られている．まず H ラインが観測さ

3.3 恒星の内部構造と進化

れないものをⅠ型，されるものをⅡ型というふうに大別する．さらに，HeやSiのラインの有無でⅠ型を細分し（図3.13），光度曲線の形でⅡ型を細分する．詳細は表3.2を参照されたい．

なお，1987年2月23日に出現した超新星1987Aは20太陽質量の超巨星の大

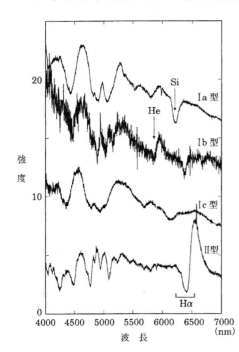

図3.13 超新星の種類（スペクトル）（野本ほか編『恒星』図7.3）

表3.2 さまざまなタイプの超新星

超新星の タイプ		スペクトル吸収線の有無			光度曲線の 特徴	起源
		水素	ケイ素	ヘリウム		
Ⅰ型	Ia	×（なし）	○ 強い	×	—	白色矮星の 爆発的核燃焼
	Ib	×	×	○	—	大質量星の 重力崩壊
	Ic	×	弱い	×	—	
Ⅱ型	ⅡP	○	—	—	プラトーあり	
	ⅡL	○	—	—	単純減光	
	Ⅱn	○（幅狭）	—	—		

爆発であり，II 型に分類されている．これは近代観測装置が整ってから最初の近傍超新星であったので，さまざまな電磁波（可視，赤外，X），そしてニュートリノで観測された．全エネルギーはおおよそ 10^{53} erg（$\sim 0.1\,M_\odot c^2$），そのうち 99% がニュートリノで放出されたことがわかった．10 MeV ニュートリノが 10^{58} 個発生し，そのうちの 11 個がカミオカンデ[*23)] で観測されたのであった．

3.3.3 恒星進化のまとめ

図 3.14 に恒星進化のまとめを示した．恒星進化はその（初期）質量によって大きく異なる．$0.08\,M_\odot$ 以下の星は，中心温度が十分上がらず H 燃焼は起こらない（褐色矮星）．$0.08 \sim 0.45\,M_\odot$ の星で，H 燃焼は起こるものの He 燃焼には至らず，また寿命が宇宙年齢（140 億年）以上であるため，いまだ終末に至っていない．$0.45 \sim 8\,M_\odot$ の星は，いったん赤色巨星になった後，外層を静かに吹き飛ばし白色矮星を残す．$8 \sim 30\,M_\odot$ の星は，超新星爆発を起こして激しく外層を放出したあと中性子星を残す．$30\,M_\odot$ 以上の星は，重力崩壊をしてブラックホールを形成する．

以上が現在の知見であるが，ここにあげた質量の値は今後の研究により，多少

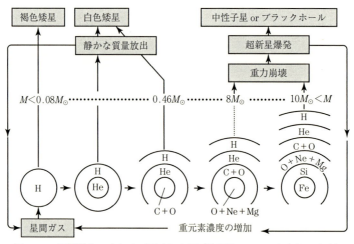

図 3.14 恒星進化のまとめ（野本ほか編『恒星』図 5.15 をもとに改変）

[*23)] 岐阜県神岡にあったニュートリノ検出器．現在はグレードアップされスーパーカミオカンデとして稼働．

増減することもあり得ることには注意されたい．

3.3.4 星形成の物理

星形成についても簡単に触れておこう．星は星間空間において，比較的に密度が高くて低温の分子雲の中で生まれる．パーセクスケールの分子雲がサイズにして7桁も収縮してようやく恒星に至る（表3.3参照）．しかし，その過程にはまだまだ謎も多い．順にみていこう．

表3.3　分子雲から原始星まで

名称	典型的サイズ	典型的密度	観測手段（例）
分子雲	1-10 pc	$\sim 10^{2\text{-}3}$ 個/cc	^{12}CO, ^{13}CO
分子雲コア	~ 1 pc	$\sim 10^{4\text{-}5}$ 個/cc ($10^{-20} \sim 10^{-19}$ g/cc)	C^{18}O, CS, NH$_3$, H^{13}CO$^+$, サブミリ波
原始星	太陽半径の数倍	$\sim 10^{16}$ 個/cc	赤外線

まず分子雲とは，低温（〜数十K）で低密度（$\sim 10^{3\text{-}5}$ 個/cc）のガス雲である．あまりに低温で中の水素が分子状態にあるため，そういう名前がついている．分子雲の中でも特に密度が高いところは，分子雲コアとよばれる．この中で星が誕生し電波（輝線）を放射するのである．

次に原始星とは，中心温度が数十万Kとなり，重力収縮によるエネルギー解放により光る星である．表面温度は低いため，主に赤外線を放射する．特徴的なのは，そのHR図上での経路である．原始星は林忠四郎が提唱した軌跡，すなわちハヤシ・トラックに沿って下向き（半径も光度も減少する向き）に進化するのである（図3.15）．

原始星がさらに収縮してTタウリ型星（T Tau星）となる．Tタウリ型星の若い段階はハヤシ・フェーズと呼ばれ，星全体が対流的となっている．Tタウリ型星に特徴的なのは，その周囲は円盤（原始惑星系円盤）に囲まれることである．そこで惑星が生まれることは第5章で述べる．

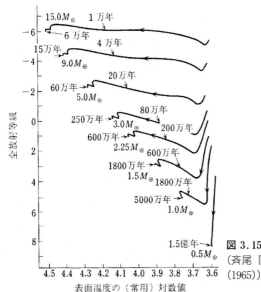

図 3.15 星の誕生に至る HR 図上の道筋（斉尾『星の進化』第3章図7，原図は Iben (1965)）

| コラム I | ジーンズ不安定性 |

圧力と密度が一様の静止したガス層に微少摂動を加えて，重力不安定が起こる条件を求めよう．そのために，圧力，密度，速度を，それぞれ平衡値（平均値）と摂動に分解して

$$\text{圧力}: P = \overline{P} + P_1, \quad \text{密度}: \rho = \overline{\rho} + \rho_1, \quad \text{速度}: \mathbf{v} = 0 + \mathbf{v}_1 \tag{I.1}$$

と書く．重力加速度 $\mathbf{g}$ は，以下のポワッソン方程式

$$\nabla \cdot \mathbf{g} = -4\pi G \rho \tag{I.2}$$

を満たすので，重力加速度を $\mathbf{g} = \overline{\mathbf{g}} + \mathbf{g}_1$ と分けると，$\overline{\mathbf{g}}$ と $\mathbf{g}_1$ はそれぞれ

$$\nabla \cdot \overline{\mathbf{g}} = -4\pi G \overline{\rho}, \quad \nabla \cdot \mathbf{g}_1 = -4\pi G \rho_1 \tag{I.3}$$

を満たす．摂動を加える前にガス層は力学平衡にあったとすると，

$$\overline{\mathbf{g}} = \frac{1}{\overline{\rho}} \nabla \overline{P} \tag{I.4}$$

が成立する．次に運動方程式をたて，2次以上の微少量を落とすと

$$\frac{\partial \mathbf{v}}{\partial t} = -\frac{1}{\rho} \nabla P + \mathbf{g} \rightarrow \frac{\partial \mathbf{v}_1}{\partial t} = -\frac{c_s^2}{\overline{\rho}} \nabla \rho_1 + \mathbf{g}_1 \tag{I.5}$$

ここで状態方程式 $P_1 = \rho_1 c_s^2$（c_s は音速で定数）を用いた．連続の式から

$$\frac{\partial \rho}{\partial t}+\rho \nabla \cdot \mathbf{v}=0 \ \rightarrow \ \frac{\partial \rho_1}{\partial t}+\bar{\rho} \nabla \cdot \mathbf{v}_1=0 \tag{I.6}$$

(I.5) 式と ∇ の内積をとり，(I.6) 式の時間微分と組み合わせて，波動方程式

$$\frac{\partial^2 \rho_1}{\partial t^2}-c_s^2 \nabla^2 \rho_1-4\pi G \bar{\rho} \rho_1 = 0 \tag{I.7}$$

を得る．解のふるまいを調べるため ρ_1 を x 軸方向に平面波展開しよう．

$$\rho_1 \propto \exp(-i\omega t+ikx) \tag{I.8}$$

ここで，ω の実数部は振動数，虚数部は増幅（減衰）率，$k\equiv 2\pi/\lambda$ は波数（λ は波長）である．(I.8) 式を (I.7) 式に代入して次の分散関係を得る．

$$\omega^2 = c_s^2 k^2 - 4\pi G \rho_0 \tag{I.9}$$

短波長極限 $k\to\infty$ では $\omega = c_s k$ となり，摂動は音波として伝わることがわかる．長波長極限 $k\to 0$ では $\omega=\pm i\sqrt{4\pi G\bar{\rho}}$，すなわち摂動は動的時間（$1/\sqrt{4\pi G\bar{\rho}}$）で成長して重力崩壊を引き起こす．その条件は，以下の通り．

$$k<k_\mathrm{J}\equiv\sqrt{4\pi G\bar{\rho}}/c_s \ \rightarrow \ \lambda>\lambda_\mathrm{J}\equiv 2\pi/k_\mathrm{J}=c_s\sqrt{\pi/G\bar{\rho}} \tag{I.10}$$

以上により，ジーンズ波長 λ_J を超えるゆらぎが重力崩壊することが示された．

3.4 恒星を巡る話題

最後に，恒星を巡る2つの話題に触れておこう．

3.4.1 セファイド型変光星

太陽光度が長年にわたってほぼ一定であることはわれわれにとって幸いである．しかし光度が大きく変動する星，変光星も数多くある．

セファイド型変光星は，星の脈動により光度変動することが知られている．まず，2.2.4項の脈動不安定性の議論を復習しておこう．恒星を少し押しつぶしたとする．星は圧力による反発を感じ，元に戻ろうとする．しかし，重力も（半径が小さくなった分）増加する．重力の増加分 Δ（重力）が圧力の増加分 Δ（圧力）にまされば星は元に戻らない，すなわち不安定となって重力収縮を続ける．その不安定条件は $\gamma<4/3$ であった．

では，セファイドはなぜ大きく変動することができるのだろうか．それを考えるヒントは，セファイドのHR図上での位置にある．セファイドの近くには，セ

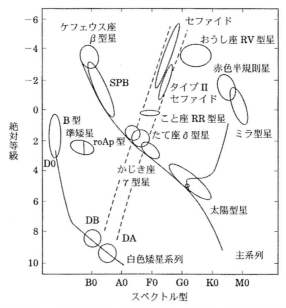

図 3.16 HR 図上のセファイド不安定帯. 破線で囲まれた領域にある恒星は脈動不安定となる. (野本ほか編『恒星』図 1.18)

ファイドと同じように大きく光度変動する星々が見つかっている（図 3.16）. これを，**セファイド不安定帯**とよぶ.

では，セファイド不安定帯で何が起こるのだろうか. この領域は水素およびヘリウムが部分電離する温度であり，そのあたりで大気の不透明度を表すオパシティ κ が大きく変化する（図 3.17）. そして，放射フラックス F_{rad}（エネルギーの流れ）も κ に反比例して大きく変化するのだ[*24)].

- 収縮 ⇨ 温度↑圧力↑ ⇨ κ↑ ⇨ F_{rad}↓（放射が遮られる）
  ⇨ 熱がたまる ⇨ Δ(圧力)>Δ(重力) ⇨ より斥力大
- 膨張 ⇨ 温度↓圧力↓ ⇨ κ↓ ⇨ F_{rad}↑（放射が抜けていく）
  ⇨ 熱がたまらない ⇨ Δ(圧力)<Δ(重力) ⇨ より引力大

このようにして振動の振幅が時間と共に増幅されていく. このような振動を**過**

[*24)] 2.2.1 項 (2.21) 式から，放射フラックスは $F_{rad} \sim [(4acT^3)/(3\kappa\rho)]\nabla T$ と書ける.

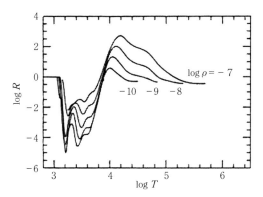

図 3.17 オパシティ κ の温度依存性（Kato *et al.* (1998) Fig. 5.1）
10^4 K 前後のふるまいに注意．温度数千 K では電子を 2 つまとった H イオンができてオパシティに寄与する．なお，数万 K 以上でフラットになるのは（温度に依存しない）散乱が卓越するため．

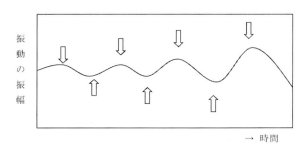

図 3.18 過安定の説明図
白抜き矢印の位置で矢印の方向に過分な力が加わると，振動の振幅が増大．

安定[*25)] という（図 3.18）．こうしてセファイド型変光星は周期的に光度変化する．その周期が絶対光度ときれいに相関することから，距離を求める指標として頻繁に用いられる（図 3.19，6.2.4 項参照）．

3.4.2　ニュートリノによる内部構造の検証

2.3 節で述べたように，太陽（恒星）の内部構造モデルの検証方法として，振動を用いて太陽の内部構造を探る方法（2.3 節）と，ニュートリノ観測による方法と，2 つがある．以下では後者について解説する．

[*25)]　摂動が $\exp(+\gamma t + i\omega t)$ （γ, ω は正の実数）に比例するような振動をいう．

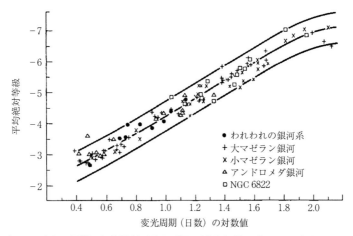

図 3.19 セファイドの周期-光度関係（斉尾『星の進化』第 6 章図 4 をもとに改変．原図は Cox（1980））

縦軸：平均絶対等級，横軸：変光周期（単位は日）

a. なぜニュートリノ？

われわれは太陽内部で発生した光子を直接観測することはできない．というのも，光子の平均自由行程（2.1.4 項）が太陽半径に比べあまりにも短いため，太陽中心でつくられた光子が太陽表面に達するまでに何度も吸収・散乱・再放射を繰り返して過去の情報を失うからである．

ところが，中心部の情報をもって出てくる粒子がある．ニュートリノである．水素核融合の各プロセス（3.2.2 項，3.2.3 項）で発生した．ニュートリノは，発生したエネルギーをもって太陽の外まで逃げるのである．

ニュートリノは物質とほとんど相互作用をしない素粒子である．吸収係数の値でいうと，光子の 20 桁近く小さく，わずかに $\kappa \sim 10^{-19}\,\mathrm{kg^{-1}\,m^2}$ のオーダーである．言い換えると，ニュートリノの平均自由行程は，光子のそれより 20 桁長く，太陽を貫通する．ニュートリノは，太陽中心の情報，すなわち核融合反応の詳細情報を携えて，地球まで達することができるのである．このニュートリノをとらえれば太陽内部構造の直接的検証ができる．天文学者や物理学者の目がニュートリノ観測に向けられたのももっともである．

実際，ニュートリノ観測が始まると天文学者と素粒子物理学者との間で大論争が巻き起こった．20 世紀後半のことである．その論争の内容を理解するために，

標準太陽モデル[*26)]について説明しよう．

b. 標準太陽モデルと太陽ニュートリノ

標準太陽モデルとは，恒星進化理論を用いて太陽の進化を計算したモデルである．用いられた仮定は以下の通りである．

1) 静水圧平衡，放射および対流によるエネルギー輸送，エネルギー生成の式 (2.19a) 式〜 (2.19d) 式を連立して解いて求められる．
2) 初期質量は $M=M_\odot$ とし，初期の化学組成は場所によらずどこでも水素 $X=0.70$，ヘリウム $Y=0.27$，それ以外（重元素）は $Z=0.02$ であった（3.1.3項 (b)）．中心部では時間と共に水素量が減り，ヘリウム量が増えていく．
3) 誕生後 46 億年が経過した後，現在の太陽質量，太陽光度となる．

標準太陽モデルにより，現在における中心部での温度，密度，化学組成がわかる．すると，それらの値をもとに熱核融合反応率が計算され，ニュートリノ発生率，そして地球にふりそそぐニュートリノフラックスが計算されるのである（図3.20）．

しかし，ニュートリノはほとんど相互作用をしないので中心部の情報をもってきてくれるのはよいが，それは逆に，とらえるのが難しいことを意味する．幾多

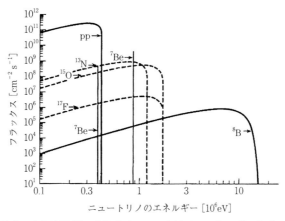

図 3.20 水素核融合の各反応過程で発生するニュートリノのエネルギーとそのフラックス（斉尾『星の進化』第 4 章図 2，原図は Bahcall (1989)）

[*26)] 英語では "Standard Solar Model (SSM)".

の工夫がされて困難を乗り越え，太陽ニュートリノをとらえる実験は1960年代からさまざまな方法で行われてきた．

　そして最終的に，理論と実験の不一致は，標準太陽モデルの不定性ではなく，太陽内部で生成された電子ニュートリノが地球でとらえられる前に別種のニュートリノに変化するという現象（ニュートリノ振動）のためであることが確定した[*27]．

[*27] ニュートリノ振動は，日本のカムランドやスーパーカミオカンデといった検出器を用いた実験などにより実験的にも確認された．

Chapter 4

コンパクト天体と連星系

　第3章では，単独星を中心に恒星（通常の星）の物理を概説した．この章ではそれを発展させ，通常でない星や，星と星のペア（連星系）を取り上げる．

　まず20世紀の物理学（一般相対論や量子力学）がそのまま形となって現れた特異な天体「コンパクト天体」を取り上げる．その一般論（4.1節）を述べた上で，白色矮星，中性子星，ブラックホールについて，それぞれの本質と特徴を概説する（4.2節〜4.4節）．最後の4.5節では，星と星との相互作用により興味深い現象を生み出す連星系について，コンパクト天体を含むものに重点をおいて紹介する．

4.1 コンパクト天体とは

　主系列星や巨星など，第3章で述べた恒星の特徴を，大づかみにいうと，以下の通りになる．
(1) 静水圧平衡がなりたつ．
(2) 中心部あるいはその周りで，核反応によりエネルギー生成している．
(3) つくり出されたエネルギーは，放射や対流によって表面まで運ばれ，そこから外部空間へと放射される．

　しかし，恒星は永年に光りつづけることはできない．燃料である水素なりヘリウムなりの物質がいずれ枯渇するからである．枯渇すると，もはや自らを支えることはできなくなり，重力収縮してコンパクト（高密度）天体になる．3種類のコンパクト天体が知られており，主系列星がどのコンパクト天体になるかは，その初期質量によるとされている（表4.1）．以下の4.2〜4.5節では，表4.1に示す3種類のコンパクト天体について具体的に話を進める．

表4.1 3種類のコンパクト天体

初期質量 ($M_\odot$)	コンパクト天体*	特　徴
~8以下	白色矮星（WD）	電子の縮退圧で支えられた星
8~20	中性子星（NS）	中性子の縮退圧で支えられた星
~20以上	ブラックホール（BH）	重力崩壊した天体（領域）

* 英語表記はそれぞれ "white dwarf", "neutron star", "black hole".

4.2 白色矮星

量子力学の誕生に伴って宇宙の舞台に登場したのが白色矮星と中性子星である．この節では太陽の百万倍も高密度な天体，白色矮星について述べる．

4.2.1 白色矮星とは

白色矮星とは，太陽質量ほどの質量をもちながら地球半径程度（~太陽半径の1/100）の半径しかもたない星であり，太陽質量程度の星の最期の姿でもある．最初に発見された白色矮星は，シリウスBとよばれる，夜空で一番明るい恒星であるシリウスAと共に連星系をなしている星である．互いの重力で束縛されて，共通重心の周りを公転している星が連星系である．シリウスAの正確な位置の測定から周期的な位置のふらつきが見つかり，暗くて重い伴星の存在が示唆されたのである[*1]．

このシリウスBは，太陽質量程度の質量をもちながら，光度はシリウスAのおおよそ1万分の1であった．シリウスAとBの表面温度（T）がほぼ同じだとすると，光度 $L = 4\pi R^2 \sigma T^4$ という関係[*2]を使って，シリウスBの半径（R）は太陽の1/100ということがわかる．密度はじつに太陽の100万倍にも達する．これは，主系列星ではあり得ない．実際，その星はHR図上で主系列星の左下（比較的高温で低光度）に位置する[*3]．こうして，重くて小さな星の存在が確定した．

[*1] これは系外惑星探査の一方法でもある（5.4.1項）．
[*2] 1.2.4項（1.12）式．
[*3] 3.1.2項の図3.2参照．

4.2.2 電子の縮退圧

では，何が白色矮星を支えているのだろうか．それは，電子の**縮退圧**とよばれる量子力学的な力である．縮退圧は温度ゼロでも働くという点で，古典的な圧力（ガス圧）と大きく異なる．

一般に，運動する電子が x 軸に垂直な面に及ぼす圧力 P は，電子の数密度を n_{e}，x 軸方向の速度を v_x，x 軸方向の運動量を p_x とおいて

$$P = n_{\mathrm{e}} v_x p_x \tag{4.1}$$

と書ける．一方，電子の平均間隔 Δx は，電子の数密度を用いて

$$n_{\mathrm{e}} (\Delta x)^3 = 1 \rightarrow \Delta x = 1/n_{\mathrm{e}}^{1/3} \tag{4.2}$$

と書けるので，電子のもつ運動量の x 成分は，不確定性原理より

$$p_x \sim h/\Delta x = h n_{\mathrm{e}}^{1/3} \tag{4.3}$$

となる．h はプランク定数である．

まず電子が非相対論的な場合，圧力 P は，n_{e} と電子質量 m_{e} を用いて

$$P = h n_{\mathrm{e}}^{5/3} / m_{\mathrm{e}} \tag{4.4}$$

で与えられる．ここで $v_x = p_x/m_{\mathrm{e}}$ の関係を使った．したがって，圧力は密度の 5/3 乗に比例することがわかる．高密度ほど高圧力になる理屈は

> 密度↑ ⇨ 電子間隔 Δx ↓ －(不確定性原理)
> ⇨ Δp ↑ ⇨ 圧力 P ↑

とまとめることができる．この縮退圧は先述の通り，温度ゼロでも働くことに注意されたい．これがガス圧との大きな違いである．燃料が枯渇してエネルギー発生がゼロになり，ガス圧がなくなった後も縮退圧が働き，強大な重力に耐えることができるのである．

4.2.3 白色矮星の質量-半径関係

次に，以上の関係式を用いて電子の縮退圧で支えられた星，白色矮星の**質量-半径関係**を求めてみよう．化学組成は一様で温度はゼロとする．一般に星の大きさは，自己重力と縮退圧との釣り合い（静水圧平衡；1.3.5 項）から決められる．星の半径を R，星の質量を M としたとき，静水圧平衡はおおよそ

$$\frac{GM}{R^2} \sim -\frac{1}{\rho}\frac{dP}{dr} \sim \frac{P}{\rho R} \tag{4.5}$$

で与えられる．すなわち，非相対論的な白色矮星の場合，核子一個あたりの平均的な電子数を Z/A とすれば[*4)]，質量と半径との関係は

$$R_{\rm WD} = \left(\frac{3}{4\pi}\right)^{2/3} \frac{h^2}{Gm_e m_{\rm p}^{5/3}} \left(\frac{Z}{A}\right)^{5/3} M^{-1/3} \tag{4.6}$$

で与えられる．ここで，$n_e=(Z/A)(\rho/m_{\rm p})$, $\rho=(3/4\pi)(M/R^3)$ なる関係を用いた．

白色矮星の半径は質量の $-1/3$ 乗に比例する．あるいは，質量は体積 ($\propto R^3$) に反比例するといってもよい．これは，質量が大きいほど重力が強くなるため，白色矮星はつぶれて半径が小さくなることを示している．大質量ほど，質量に比例して半径が大きくなる主系列星[*5)]とは対照的である．

4.2.4　チャンドラセカール質量

さて，白色矮星の質量をどんどん増やしてみよう．どこまで質量は大きくなれるだろうか．4.2.2項の密度と圧力の関係性の理屈と同様に考えてみると，

```
質量↑  ⇨  密度↑  ⇨  電子間隔 Δx↓  －(不確定性原理)
⇨  Δp↑  ⇨  速度↑
```

と，質量の増加に伴って電子速度が増加し，やがて光速となる．相対論的な極限，すなわち電子速度が光速にほぼ等しいとき，縮退圧は

$$P = hcn_e^{4/3} \tag{4.7}$$

となる．圧力の密度依存性が変化し，今や，圧力は密度の 4/3 乗に比例するのである．この変化が重要である．

```
縮退圧と密度の関係
非相対論的    P∝ρ^(5/3)
相対論的      P∝ρ^(4/3)
(共に温度によらないことに注意)
```

[*4)] Z/A はまた，(陽子数)/(中性子数+陽子数) とも書ける．水素原子で $Z/A=1$，ヘリウムも含め重い原子核で $Z/A \sim 1/2$ である．

[*5)] 3.1.4項参照．主系列星では，中心温度が質量にあまりよらずほぼ一定（H核融合の起こる温度）であることが，この関係の主因であった．

さて，(4.7) 式を静水圧平衡の (4.5) 式に代入してみよう．すると困ったことに気づく．半径 R が両辺でキャンセルしてしまうのである．換言すると，質量がユニークに決まってしまうことになる．その質量は

$$M_{\mathrm{ch}} \equiv \left(\frac{3}{4\pi}\right)^{1/2} \left(\frac{hc}{Gm_{\mathrm{p}}^2}\right)^{3/2} \left(\frac{Z}{A}\right)^2 m_{\mathrm{p}} \approx 1.4 \left(\frac{Z/A}{1/2}\right)^{1/2} M_\odot. \tag{4.8}$$

となり，**チャンドラセカール質量**（Chandrasekhar mass）とよばれる限界質量となる．ここで物理基礎定数のみで書けていることに注意されたい．しかも，ミクロな物理を表すプランク定数と，マクロな量を表す万有引力定数を両方含んでおり，そして，その値は太陽質量にほぼ等しいということにも注意してほしい．

4.3 中性子星

以下では，中性子星が密につまった「巨大な原子核」，中性子星について述べる．また，それが規則的なパルスを出すパルサーの正体であることにも触れる．

4.3.1 白色矮星から中性子星へ

白色矮星の質量を，チャンドラセカール質量よりも多く増やしてみよう[6]．すると，もはや電子の縮退圧では強大な重力に抗することはできないため，星は重力収縮を始める．すると，陽子と電子が結合して中性子星になる反応（逆 β 崩壊）が始まる．この反応は吸熱反応であるため，通常では起こらないはずだが，重力収縮する星の中では，重力エネルギーの解放によりエネルギーが供給されるため起こり得るのである．こうして，ほぼ中性子で満たされた中性子星が誕生すると考えられている[7]．

図 4.1 はさまざまな星の質量-半径関係を示した図である．実線は，星の内部圧力と重力が釣り合っている（静水圧平衡）状態の部分を示した線である．このうち，安定な線はどこだろうか．図 4.1 を見ながら安定性の一般論（1.4.1 項も参照）にしたがって考えてみよう．

(1) 平衡状態を考える　　今回のケースでは，静水圧平衡（重力＝圧力）の線

---

[6] 仮想的な実験のような書き方だが，連星系にある白色矮星が伴星から質量輸送を受けるとき（4.5.2 項），この過程は実際に起こり得る．

[7] 吸熱反応では比熱が増大し，比熱比 γ が 1 に近づくため不安定となる（2.2.3 項）．

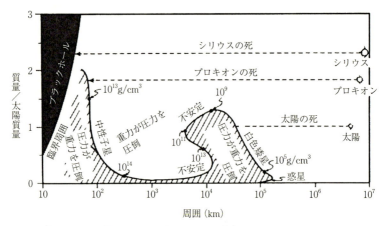

図 4.1 さまざまな星の質量-半径関係（K. Thorne『ブラックホールと時空のゆがみ』図 5.3 をもとに改変）

が平衡状態となる（1.3.5項）．

(2) 平衡状態から少しずらす 今回のケースでは，星を少しつぶしてみよう．すなわち，質量を保ったまま，少し半径を小さくする．

(3) 系が元の平衡状態に戻れば安定 白色矮星の線上の点を考えよう．少しつぶすことによって（白色矮星の線から左方向に移動すると）「圧力が重力を圧倒」する領域に入ることがわかる．圧力がまさるのだから元に戻る．したがって白色矮星は安定であり，同様に中性子星も安定である．一般に，右下がりの線上の点は安定であるといえる．

(4) 白色矮星から中性子星に至る線はどうか これは右上がりの線であり，少しつぶすと「重力が圧力を圧倒」する領域に入る．星はますますつぶれていくので，不安定である．このような星の中では，陽子が電子と結合して中性子となる吸熱反応が起こっているのである．

以上，白色矮星と中性子星という2つの安定解があることがわかった．前者は電子の縮退圧で，後者は中性子の縮退圧で支えられた天体である．

4.3.2 中性子星の質量-半径関係

白色矮星のときと同様に，中性子星の質量-半径関係を求めてみよう．といっても大きな違いはない．電子ではなくて中性子どうしの核力の斥力コアで支えら

れているため, (4.6) 式で電子質量を中性子質量 (〜陽子質量) に置き換え, $Z/A=1$ とすればよろしい. こうして,

$$R_{\mathrm{NS}} = \left(\frac{3}{4\pi}\right)^{2/3} \frac{h^2}{G m_{\mathrm{p}}^{8/3}} M^{-1/3} \tag{4.9}$$

を得る. 興味深いのは, 電子の縮退圧で支えられる白色矮星との比較で,

$$\frac{R_{\mathrm{NS}}}{R_{\mathrm{WD}}} \sim \left(\frac{A}{Z}\right)^{5/3} \frac{m_{\mathrm{e}}}{m_{\mathrm{p}}} \sim \frac{1}{600} \tag{4.10}$$

というように, その比はおおよそ中性子と電子の質量比に等しくなる[*8]. 白色矮星の半径が 7×10^9 cm として中性子半径はおおよそ 10 km になる. この, ミクロな量がマクロな量として観測し得る点も興味深い.

質量が太陽程度で, 半径が 10 km しかないとすると, その密度はおおよそ $\sim 10^{17}$ kg m^{-3}, ほとんど原子核密度ということがいえる. 中性子星は「巨大な原子核」と言う人もいるくらいだ. しかし, 違いもある. 一番大きな違いは束縛力, すなわち, 原子核は核力が, 中性子星は自己重力がそれぞれ互いに引きつけ合う力である.

さて, 再び図 4.1 をみると, 白色矮星と同様に中性子星にも上限質量が存在し, この上限を超えると中性子星は, ブラックホールに向かって一気に進化すると考えられる.

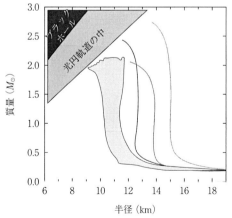

図 4.2 いろいろな状態方程式に基づく中性子星の質量 半径関係 (Özel and Freire (2016) をもとに改変)

[*8] $m_{\mathrm{p}}/m_{\mathrm{e}} \sim 1800$, また $(A/Z)^{3/5} \sim 2^{3/5} \sim (10^{0.3})^{3/5} \sim 10^{0.5} \sim 3$.

中性子星の上限質量の値を正確に求めるには超高密度物質の状態方程式が必要だが，それはまだよくわかっていない．図4.2は仮定した状態方程式ごとに質量-半径関係を示しているものである．どのケースも，上限質量はおおよそ$2M_\odot$あたりに入っており，$3M_\odot$を超えることはないことがわかる．そこで，コンパクト天体の質量が$3M_\odot$を超えていればブラックホールであるとするのが，現在最も信頼できるブラックホール同定法である[*9)]．

4.3.3　パルサー：強磁場中性子星

a. 発　見

歴史的にみると，まだ理論上でしかその存在が認められていなかった頃は，中性子星は白色矮星の質量が増えた結果としてではなく，超新星の後に残されたものとして予言されていた（現在でも理解は正しい）．

しかしながら，中性子星の発見は予想もされないところからもたらされた．パルサー（pulsar）の発見である．パルサーとは秒程度の間隔で極めて規則的なパルスを出す星のことで，電波観測で発見された．1967年，ケンブリッジ大学で星間空間を通ってくる電波のシンチレーション（またたき）の観測に当たっていた大学院生のベル（J. Bell）は，偶然，1.33 sの周期電波パルスをとらえた．当初，指導教授のヒューイッシュ（A. Hewish）は，それを天体からの電波とは考えなかった．その師匠を説得するため，ベルは地上から誰かが出した電波ではなく，天上の一点からの電波であることの証拠を懸命に探した．（読者の皆さん，あなたならどうする？）

そして彼女は，パルスはほぼ1日ごとに出現することと，その出現時刻は少しずつ早くなることを見出したのである．実際，天空の星が南中する間隔は24時間ではなく，23時間56分である[*10)]．こうして，天上の一点から未知の天体が電波を規則的に出していたことがはっきりした．発見の時代とよばれる1960年代を代表する大発見であった．

[*9)]　4.5.4項でコンパクト天体の質量測定法を示す．
[*10)]　地球の自転周期は23時間56分4秒である（24時間は太陽が南中してから次に南中するまでの時間）．地球は太陽の周りを自転しながら365.2422日かけて自転と同じ向きに公転している（1年間に366.2422回自転することになる）．

b. パルサーの正体

さて,先にパルサーは「極めて」規則正しい周期のパルスを出すと書いた.どれくらい「規則正しい」のであろうか.秒のパルスを出しつづけると 1 年で 3×10^7 パルスとなる.その後,何年経ってもパルスはほとんどずれない.つまり,パルサーには 10 桁近い精度があるのである.これは地上のどのような時計もかなわない精度である.

では,どのようにしてそのような高精度を保っているのだろうか? この疑問に対する解答が,パルサーの正体を解明する鍵である.公転や振動に依存している場合,高精度を保つことは難しいだろう.だが,自転の場合なら高精度でパルスを出しつづけることが可能だと考えられる.こうして,公転や振動でなく,自転がパルス-1 周期を出していることが定説となった.

それにしても,天体が 1 秒間に 1 回転するとは恐ろしいほどの高速自転である.後述する「かにパルサー」は,何と周期 33 ミリ秒であった.星表面における遠心力加速度は,

$$a_{\text{cent}} = R\Omega^2 \sim 2.5\times 10^{13}\left(\frac{R}{R_\odot}\right)\left(\frac{P}{33\,[\text{ms}]}\right)^{-2}\,[\text{ms}^{-2}] \tag{4.11}$$

となる.一方,重力加速度は

$$a_{\text{grav}} = \frac{GM}{R^2} \sim 2.6\times 10^{2}\left(\frac{M}{M_\odot}\right)\left(\frac{R}{R_\odot}\right)^{-1}\,[\text{ms}^{-2}] \tag{4.12}$$

なので,太陽はもちろん白色矮星でも遠心力で飛び散ってしまうのだ.天体として安定に回りつづけるにはもっとコンパクトな天体,$a_{\text{cent}} < a_{\text{grav}}$ から $R < 10^5$ m,すなわち中性子星しかないのである.

ゴールド (T. Gold) は,パルサー発見の翌年に「パルサーの正体は強い磁場を帯びた中性子星である」というモデル(灯台モデル[*11])を提唱し,これが定説となった.パルサーの灯台モデルとは,パルサーを高速回転する強磁場中性子星が非等方放射することで説明しようというものである(図 4.3).よく知られているように,荷電粒子は磁場を突っきって動けない.電子は磁極方向に運動するため放射も主に磁極方向に起こる.その磁極の向きはパルサーの自転に伴って方向を変えるので,まさに灯台のように順繰りに周囲を照らしていく.

[*11] 原語では "lighthouse model" (T. Gold, 1968).

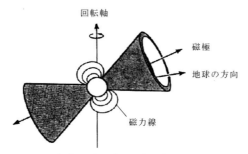

図 4.3 パルサーの灯台モデル (Shu (1982) Fig. 7.5 をもとに改変)

こうして多波長で多様性あふれるパルス波形が得られるのだ（図 4.4）.

さらに興味深い現象が起こる．強い磁場が高速回転するということは，磁場が激しく時間変化することであり，ファラデー（電磁誘導）の法則

$$\nabla \times \mathbf{E} = -\frac{1}{c}\frac{\partial \mathbf{B}}{\partial t} \quad \left[\nabla \times \mathbf{E} = -\frac{\partial \mathbf{B}}{\partial t}\right] \tag{4.13}$$

により，強い電場が形成される．電子は磁場があっても加速されない．磁力線に巻きつくだけだからである．しかし電子は，この強い電場で加速されるのである．すなわち電子の運動方程式は，電荷を q として次のようになる．

$$m_\mathrm{e}\frac{d\mathbf{v}}{dt} = q\left(\mathbf{E} + \frac{\mathbf{v}}{c}\times\mathbf{B}\right) \quad \left[m_\mathrm{e}\frac{d\mathbf{v}}{dt} = q(\mathbf{E}+\mathbf{v}\times\mathbf{B})\right] \tag{4.14}$$

こうして，加速され高エネルギーとなった電子は磁極から高速で外に飛び出し，磁極の方向に強いシンクロトロン放射をする．

4.3.4 かにパルサー

中性子星の研究は，かに星雲[*12]（図 4.5）中にパルサーが発見されて大きく進展する．というのも，かに星雲は 1054 年に起きた超新星のなれのはて（**超新星残骸**）であり，その中に中性子星が発見されたということは，大質量星の最期に中性子星が残されることの確たる証拠だからだ．

もう一つ重要な点は，かに星雲のエネルギー源である．かに星雲は明るく光っ

[*12)] 英語で"Crab nebula"．「かに」の形をしているので「かに星雲」とよばれる．（でも本当に「かに」の形に見えますか？　筆者には佐渡島に見える．）名誉あるメシエ番号第 1 番の番号がついている（M1 とよばれる）．

4.3 中性子星

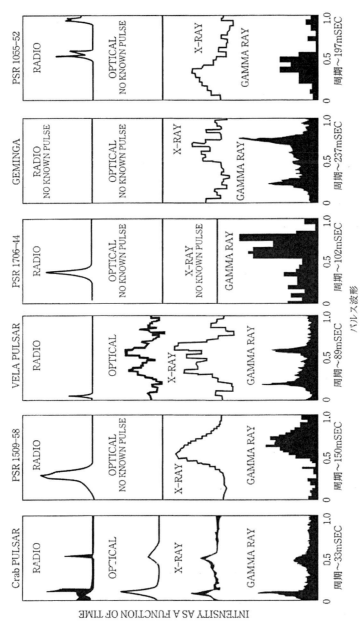

図 4.4 さまざまなパルスプロファイル (高原『宇宙物理学』図 4.3, 原図は Hartmann (1995))

図 4.5 かに星雲（NAOJ, すばる望遠鏡による）

ており，その光度は 5×10^{31} J s^{-1} に達する．太陽より 5 桁も明るい（図 4.5）．何が星雲にエネルギーを供給しているのだろうか．

かにパルサーのモニター観測から周期がほんの少しずつ増加している，つまり回転が少しずつ遅くなっている（スピンダウンしている）ことがわかった．その割合は，パルス周期を P として，$|P/\dot{P}|\approx 8\times10^{10}$ s である．回転が遅くなるということは，回転エネルギーが減少しているはずである．そのエネルギーの減少分を計算してみよう．

まず，中性子星の慣性モーメントはおおよそ

$$I\approx(2/5)MR^2\approx 9\times10^{37}\ [\mathrm{kg\,m^2}] \tag{4.15}$$

なので，かにパルサーの回転エネルギーは，$\omega=2\pi/P=200$ s^{-1} を用いて，

$$E=(1/2)I\omega^2\approx 2\times10^{42}\ [\mathrm{J}] \tag{4.16}$$

となる．したがって，回転エネルギーの減少の割合は次のようになる．

$$\dot{E}=I\omega^2(\dot{\omega}/\omega)=I\omega^2|P/\dot{P}|\approx 3\times10^{31}\ [\mathrm{J\,s^{-1}}] \tag{4.17}$$

この値は，かに星雲光度にほぼ等しい．すなわち，かに星雲のエネルギー源は，かにパルサーの回転だったのだ[*13]．

[*13] もっとも，このようにきれいに数値が一致する例はあまり多くない．

4.3.5 パルサーの進化

さて,パルサーがその回転エネルギーを放射すれば,時間と共に自転は遅くなり,光度はやがて減少するということがわかった.その行き着く先はどこだろう.

図4.6にパルサーのP-$\dot{P}$図を示した.横軸はパルス周期,すなわちパルサーのスピン周期 (P),縦軸はパルス周期の時間微分 ($\dot{P}$) である.この$P/|\dot{P}|$からスピンダウン時間がわかる.図中に数値をあげている.

これをもとにパルサー進化を示したのが図4.7である.図の左上(磁場が強く周期が短い領域)で形成されたパルサーは,エネルギー放出と共にスピンダウンし右方向へ移動し,やがてデスラインに達する.これは電子・陽電子対を生成するに十分なパワーが出せるぎりぎりの線であり,この線よりも右側ではもはやパルサーは光ることができなくなる.あとは磁場を散逸させて静かに余生を送るだけとなる.

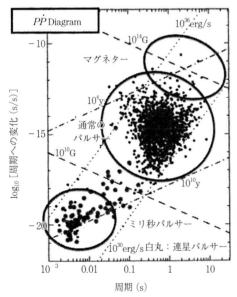

図 4.6 パルサーのP-$\dot{P}$図(Lorimer (2008)をもとに改変)
横軸:パルサーのスピン周期 (P),縦軸:スピン周期の時間微分 ($\dot{P}$).磁場強度一定の線および寿命一定の線も数値と共に示した.

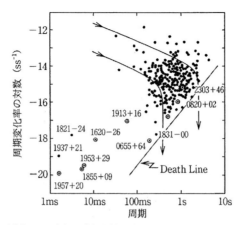

図 4.7 パルサー進化の図(高原『宇宙物理学』図 4.5,原図は Srinivasan(1989))
パルサーは左上から右下へと進化する.

4.4 ブラックホール

ブラックホール[*14)]は,物質の表面をもたないという意味でほかの天体と一線を画す.したがって,単独ではほとんど放射をしない[*15)].現実離れした不可思議な天体だが,世間一般にもよく知られ人気もある.

4.4.1 ブラックホールの古典論

ブラックホールという考えの原型は,18 世紀の文献に見ることができる[*16)].質量 M,半径 R の天体を考え,ニュートン力学を用いてそこから粒子が脱出できる条件を求めることから始める.これは,いわゆる脱出速度の問題[*17)]である.答えは,

$$v > v_{\rm esc} \equiv \sqrt{\frac{2GM}{R}} \tag{4.18}$$

[*14)] 天体物理学的ブラックホールに関し,より詳しく知りたい人は嶺重(2016)を参照されたい.
[*15)] 厳密には,極めて微弱な放射をすることが,ホーキング(S. Hawking)により提唱されている.
[*16)] Michell(1783),Laplace(1796).
[*17)] 1.3.1 項参照.

である．脱出できる限界の速度 v_{esc} は，質量が大きいほど，あるいは半径が小さいほど大きいことがわかる．

重力ポテンシャル $-GM/R$ をどんどん深くして，脱出速度が光速を超えたら，光さえもそこから出られなくなる．その条件は

$$v_{\text{esc}} > c \ \rightarrow \ R < r_{\text{S}} \equiv \frac{2GM}{c^2} \tag{4.19}$$

と書ける．つまり古典論では，ブラックホールは脱出速度が光速を超えるために光が脱出できない天体として位置づけられたのである．

なお，限界半径 r_{S} は 20 世紀に導出されたシュヴァルツシルト半径に相当する．シュヴァルツシルト（K. Schwarzschild）は，一般相対論のアインシュタイン方程式を解いて，この限界半径を求めたのであった[*18)]．

4.4.2　ニュートン力学から一般相対論へ

ブラックホールについて話を進める前に，一般相対論について，そのエッセンスを概説しておこう．一般相対論のアインシュタイン方程式は宇宙やブラックホールなどの重力場を記述する方程式であり，ある程度ニュートン力学との対応がつけられる．すなわち，

$$\text{ニュートンの方程式} \quad \nabla^2 \Psi = -4\pi G\rho \ \Rightarrow \ \Psi = -\frac{GM}{r} \tag{4.20}$$

（物質 ρ があると重力場 Ψ が発生する）に対し，

$$\text{アインシュタイン方程式} \quad G_{\mu\nu} = -\frac{8\pi G}{c^4} T_{\mu\nu} \tag{4.21}$$

エネルギー（右辺）があると時空が歪む（左辺）という関係である（ここで $G_{\mu\nu}$ は時空構造を表すテンソルであり，$T_{\mu\nu}$ は物質のエネルギー・運動量テンソルである）．ブラックホールがつくる時空の歪みを理解するため，まず重力源がない時空，平坦な時空を考えよう．それは

$$ds^2 = -c^2 dt^2 + dr^2 + r^2(d\theta^2 + \sin^2\theta\, d\phi^2) \equiv -c^2 dt^2 + d\ell^2 \tag{4.22}$$

と書かれる．ここで，ds^2 は世界間隔とよばれる量であり，$dt, dr, d\theta, d\phi$ は極座標 (t, r, θ, ϕ) における微小間隔で，たとえば，近接した 2 点 $\text{P}_1(t_1, r_1, \theta_1, \phi_1)$ と $\text{P}_2(t_2, r_2, \theta_2, \phi_2)$ を考えたとき，

[*18)]　(4.19) 式に示した導出は一般相対論の見地からは正しくないが，答えは一致する．

$$(dt, dr, d\theta, d\phi) \equiv (t_1-t_2, r_1-r_2, \theta_1-\theta_2, \phi_1-\phi_2) \quad (4.23)$$

と書ける量である．(4.22) 式の最右辺に示したように，ds^2 という量は，時間間隔の 2 乗 (c^2dt^2) から空間間隔の 2 乗 ($d\ell^2$) を引いた形になっている．前者は時間の経過を，後者は空間距離を，それぞれ表す．

仮に $ds=0$ としてみよう．すると，$d\ell=\pm cdt$ という式が得られる．これは距離間隔 $d\ell$ の絶対値が，時間と共に光速 c で広がることを意味し，まさに光の伝搬を表す式であることがわかる．

4.4.3 ブラックホール解と時空の歪み

ブラックホールに話を戻そう．アインシュタイン方程式のブラックホール解を最初に求めたのはシュヴァルツシルトである．彼は，回転をしない定常（時間変化しない）ブラックホールの解を見つけた[*19]．**シュヴァルツシルト解**とよばれるこの解は，以下のように書かれる．

$$ds^2 = -\left(1-\frac{r_S}{r}\right)c^2dt^2 + \left(1-\frac{r_S}{r}\right)^{-1}dr^2 + r^2(d\theta^2 + \sin^2\theta\, d\phi^2) \quad (4.24)$$

(4.22) 式と (4.24) 式を比較しよう．一見してわかることは，(4.22) 式第 2 辺の最後の項と (4.24) 式右辺の最後の項が全く同じであるということである．これは，無回転ブラックホールの周囲の時空において，角度 (θ, ϕ) 方向に歪みはないことを示している．

では，動径方向はどうか．右辺第 2 項はたしかに違う．そこで，動径座標のみ異なる 2 点，$P_1(t, r_1, \theta, \phi)$ と $P_2(t, r_2, \theta, \phi)$ を考えると，その間隔は (4.25) 式のようになる．

$$ds = \int_{r_1}^{r_2}\left(1-\frac{r_S}{r}\right)^{-1/2}dr > \int_{r_1}^{r_2}1\,dr = r_2-r_1 \quad (4.25)$$

すなわち，ブラックホール近傍の P_1 から P_2 に実際に移動する場合，その距離は座標から出した間隔より長くなるのである．そして，その長くなる割合はブラックホールに近づけば近づくほど大きくなり，シュヴァルツシルト半径に達するときに無限大になる．これをシンボリックに表したのが図 4.8 である．

ブラックホール近傍における時間の流れについてみてみよう．動径座標のときと同様に考えると，ブラックホール近傍の経過時間は無限遠のそれに比べ短くな

[*19] Schwarzschild (1916).

4.4 ブラックホール

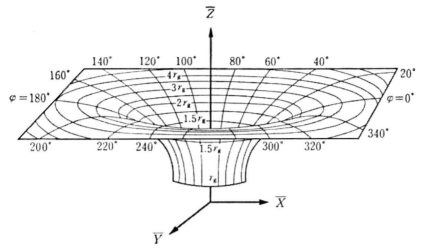

図 4.8 ブラックホール近傍の時空（佐藤・ルフィーニ『ブラックホール』図 2.4）
動径方向に歪んでいる．

ることがわかる．同じことを無限遠の観測者のことばでいうと，「ブラックホール近傍で起こる現象は，ゆっくり進んでいるように見える」ということになる．

その好例として，ブラックホールに自由落下する物質を考えよう．まず，遠方にいる観測者の時間 (t) で物質の落下を記述すると，

$$\left(\frac{1}{c}\frac{dr}{dt}\right)^2 = \frac{r_S}{r}\left(1-\frac{r_S}{r}\right)^2 \quad \Rightarrow \quad r-r_S \approx \exp(-ct/r_S) \qquad (4.26)$$

となる．すなわち，落ち込む物質はブラックホール近傍で速度が落ち，なかなかシュヴァルツシルト半径に到達しないように見える．次に，物質と共に自由落下する観測者の時間[20] (τ) で考える．結果は

$$\left(\frac{1}{c}\frac{dr}{d\tau}\right)^2 = \frac{r_S}{r} \quad \Rightarrow \quad \frac{c\tau}{r_S} = \text{const.} - \frac{2}{3}\left(\frac{r}{r_S}\right)^{3/2} \qquad (4.27)$$

となり，有限時間でシュヴァルツシルト半径に達する．こうして，両者の時間に決定的な差が生じることがわかる（図 4.9）．

ブラックホール近傍の点 $P_0(t_0, r_0, \theta, \phi)$ から振動数 ν_0 の光を飛ばしてみよう．そこから無限遠離れた場所にいる観測者が受け取る光の振動数 ν は，振動数は時間間隔に反比例することを用いて

---

[20] 固有時間とよばれ，$d\tau = ds/c$ を積分して得られる．

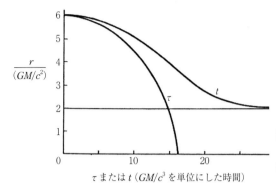

図 4.9 自由落下運動の 2 つの見方 (Shapiro and Teukolsky (1983) Fig. 12.1 をもとに改変)

$$\frac{\nu}{\nu_0} = \left(1 - \frac{r_\mathrm{S}}{r_0}\right)^{1/2} < 1 \quad (4.28)$$

となるので,振動数 ν は ν_0 より小さくなる.またその値は r_0 が小さいほど小さくなり,やがて $r_0 = r_\mathrm{S}$ の位置でついにゼロとなる.振動数がゼロということは,光子エネルギーもゼロということである.すなわち,光はシュヴァルツシルト半径内から出てこられないということである[*21)].

4.4.4 光円軌道と最小安定円軌道

ところで,一般相対論では粒子のみならず光もブラックホールによる重力の影響を受けて曲げられる.光も重力によって曲げられるため,ブラックホール中心から $(3/2)r_\mathrm{S}$ の距離でブラックホールの垂直方向に出た光は,ずっとブラックホールの周りを円軌道を描いて回りつづけるのである(図 4.10).これを**光円軌道**といい,一般相対論で初めて出てくる効果という意味でも極めて重要である.

もう一つ重要な概念が,**最小安定円軌道**[*22)]半径である.まず,回転していないブラックホールの場合を考えよう.一般相対論によると,質点の赤道面 ($\theta = \pi/2$) 上の運動は次のように書ける[*23)].

[*21)] 4.4.1 項であげた古典論の結論は「ブラックホール内部から出た光は無限遠に達し得ない」ということで,一般相対論の結論(光は事象の地平面から一歩たりとも外に出られない)とは厳密には異なる.

[*22)] 英語で "marginally stable (ms) orbit" あるいは "innermost stable circular orbit (ISCO)".

[*23)] Shapiro and Teukolsky (1983) 12.4 節あるいは嶺重 (2016) 1.2.1 項参照.

4.4 ブラックホール

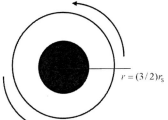

$r = (3/2)r_S$

図4.10 光子の円軌道

$$\left(\frac{dr}{d\tau}\right)^2 = c^2\left(\frac{E}{mc^2}\right)^2 - c^2\left(1-\frac{r_S}{r}\right)\left(1+\frac{J^2}{m^2c^2r^2}\right) \equiv c^2\left(\frac{E}{mc^2}\right)^2 - \Psi_{\text{eff}}(r) \quad (4.29)$$

ここで $\Psi_{\text{eff}}(r)$ は有効ポテンシャル，$J(=mr^2 d\phi/d\tau)$ は角運動量である．

$$\Psi_{\text{eff}}(r) = c^2 - \frac{2GM}{r} + \frac{J^2}{m^2}\frac{1}{r^2} - \frac{2GMJ^2}{m^2c^2}\frac{1}{r^3} \quad (4.30)$$

右辺の4つの項のうち，第1項は単にポテンシャルの原点を与えるもの，第2項と第3項は，定係数を除いてニュートン力学の有効ポテンシャル $\Psi^{\text{N}}_{\text{eff}}(r)$ に一致する．

$$\Psi^{\text{N}}_{\text{eff}}(r) = -\frac{GM}{r} + \frac{J^2}{2m^2r^2} \quad (4.31)$$

したがって，(4.30) 式右辺で第4項のみが，一般相対論に特有の項ということになる．これは，ブラックホールに近づくほど重力がより強くなることを示す項で，この項のおかげでブラックホール近傍で有効ポテンシャルは $-\infty$（マイナス無限大）となる．

有効ポテンシャルのグラフの形は角運動量の値によって変化する，ということに注意しよう（図4.11）．十分小さな角運動量に対して，安定円軌道を与える極小値が存在しない．一方，ニュートン力学の有効ポテンシャルは，角運動量がある限り $r \to 0$ の極限でプラス無限大となり，常に極小値（安定円軌道）が存在する．これが両者の間の決定的な違いである．

安定円軌道の半径は，ポテンシャルが極小となる条件

$$\frac{d\Psi_{\text{eff}}(r)}{dr} = 0 \quad \text{かつ} \quad \frac{d^2\Psi_{\text{eff}}(r)}{dr^2} < 0 \quad (4.32)$$

から得られる．解いて最内縁安定円軌道半径 $r_{\text{ms}} = 3r_S = 6GM/c^2$ を得る．粒子のもつエネルギーは，(4.29) 式で $dr/d\tau = 0$ とおいて得られる．

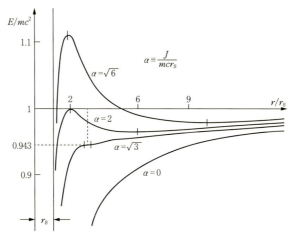

図 4.11 シュヴァルツシルト解による有効ポテンシャル（佐藤・ルフィーニ『ブラックホール』図 4.8 をもとに改変）

$$\left(\frac{E}{mc^2}\right)^2 = \frac{1}{r}\frac{(r-r_S)^2}{r-(3/2)r_S} \tag{4.33}$$

無限遠から r_{ms} までに質量 m の粒子が解放するエネルギーの割合は

$$(mc^2-E)/mc^2 = 1-\sqrt{8/9} = 0.0572 \tag{4.34}$$

すなわち無回転ブラックホールは 5.7% のエネルギー変換効率をもつ．

ブラックホールが回転していて粒子がブラックホールスピンと同じ方向に回転している場合，ブラックホールスピンが大きいほど最内縁安定円軌道半径は小さくなる．最大回転ブラックホール $a_* \equiv ac^2/(GM) \sim 1$ の場合は $r_{ms}=r_S/2=GM/c^2$ で，エネルギー変換効率は 42.3% となる．

4.4.5 ブラックホールはどこに？

では観測に目を向けよう．大気を通さない X 線による観測がロケットや人工衛星により可能になった 1970 年前後になって，X 線天文学が花開いた．そして見つかった X 線で明るく輝く星（X 線星，その大部分は中性子星）の中に最初のブラックホール天体があった．はくちょう座 X-1（Cyg X-1）である．小田稔ははくちょう座 X-1 を X 線観測し，奇妙な X 線強度変動を発見した．変動の時間スケールは 1 秒以下，そのような速い変動をするのはブラックホールしかない

と結論した（Oda et al., 1971）．これは，具体的にブラックホールと指定した最初の観測論文となった[*24]．

さて，はくちょう座 X-1 を代表とするブラックホールは，太陽質量の数倍〜数十倍の質量をもち，連星系中にあるブラックホールである[*25]．連星系とは，星が2つでペアとなって互いの周りを回っている系をいう．太陽のような普通の星とペアを組むブラックホールが，連星系ブラックホール[*26]，あるいは恒星質量ブラックホールとよばれる．

連星系のものよりずっと大質量のブラックホールが銀河の中心に見つかってきており，今では（形のはっきりした）すべての銀河の中心に，巨大質量ブラックホール[*27]があると考えられている．後者については第6章（銀河系と系外銀河）で触れることにし，本章の残りの部分では，連星系の概説をした上で連星系ブラックホールについて論を進める．

4.5 近接連星系とコンパクト天体

コンパクト天体の観測という観点からは連星系のケースが圧倒的におもしろい．なぜなら，連星系の相手の星からコンパクト天体へガスが降着して，コンパクト天体を明るく光らせるからである．

4.5.1 近接連星系の分類

連星系のうち，2つの星の間隔が星半径の数倍まで接近しているものを近接連星系とよぶ．このような系では，星同士のガスやエネルギーの交換など，さまざまな相互作用のため極めて多様性に富む現象が現れる．

まず，近接連星系の分類に最も基本となる概念，**等ポテンシャル面**を説明しよ

[*24] Oda et al. (1971) は X 線変動からブラックホールを「推定」したにすぎないため，ブラックホール「発見」の論文とは見なされていない（最初の論文は，見えない天体の質量を見積もった Webster and Murdin (1972); Bolton (1972)）．しかし，小田の業績は「先見の明」があったという意味で高く評価されるべきといえる．

[*25] 連星系についての詳しい説明は次節参照．単独のブラックホールもあるかもしれないが，光らないので証明しようがない（重力レンズ現象で偶然見つかる場合を除く）．

[*26] 英語で "black hole binary"．ただしこの表現はブラックホール同士のペア（binary black hole）と混同されかねないので，注意が必要．

[*27] 英語で "supermassive black hole"．しばしば "SMBH" と略する．

う．これは重力ポテンシャルと遠心力ポテンシャルの値の和（有効ポテンシャル）が等しいところを結んだ面をいう．したがって，等ポテンシャル面は3次元空間中に埋め込まれた2次元曲面となる．

以下，連星系の各星を質点で表し，その2つの質点が互いの周りを円運動しているケースを考えよう．すると有効ポテンシャル Ψ_{eff} は

$$\Psi_{\text{eff}} = \Psi_{\text{grav}} + \Psi_{\text{cent}} = -\frac{G(M_1+M_2)}{|\mathbf{r}_1-\mathbf{r}_2|} + |\mathbf{\Omega} \times \mathbf{r}|^2 \quad (4.35)$$

と書ける．ここで，$\mathbf{r}_1$, $\mathbf{r}_2$ は，2つの星（質量 M_1 と M_2）の位置ベクトル，$\mathbf{\Omega}$ は2つの星の軌道運動の角速度ベクトルである．その連星系軌道面における断面図が図4.12である．

図4.12には，いくつか注目すべき特徴がみられる．

1) 2つの星の近傍でその星の重力ポテンシャルが卓越するため，等ポテンシャル面は円（3次元的には球）となる．
2) 遠方では遠心力（$\propto r^2 \Omega$）が卓越することから，等ポテンシャル面は円柱となる．
3) 2つの星の間には，ポテンシャルの鞍点(あんてん)が存在する（L_1 点という）．等ポテンシャル面のうち，この L_1 点を通るものを**ロッシュローブ**とよぶ[*28]．

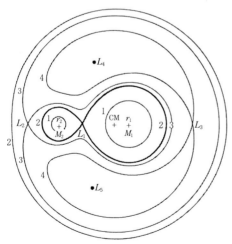

図4.12 $M_2/M_1=0.25$ の場合の有効ポテンシャル（Frank *et al.* (2002) Fig. 4.3）

[*28] ロッシュは人名，ローブは「袋」を意味する．

ロッシュローブは，3次元的にはピーナッツのくびれを無限小に絞ったような形となる．なお，2つの星を結ぶ直線上に，L_2点，L_3点という鞍点も存在する．

4) 特徴的な点があと2つある．L_4点，L_5点である．これらの点は，ポテンシャルの極大点であり，不安定点と思えるが，じつはコリオリ力の働きで安定化されている．

この系にガスを流し込んで星を形成するとすると，その星表面は等ポテンシャル面に一致する[*29]．各星が，ロッシュローブを満たすか否かで，図4.13に示したような3種類のケースが考えられる．

分離型連星系 両方の星が共にロッシュローブの中にあるもの．

半分離型連星系 片方の星がロッシュローブの中にあり，もう片方の星はロッシュローブを満たしているもの．この場合，後者から前者にガス降着流が発生する（次項で詳述）．

接触型連星系 両方の星ともロッシュローブを満たし，はみ出して共通外層[*30]を形成しているもの．この外層を通して各星の間でエネルギー輸送が起こり，2つの星の表面温度は同じになる．

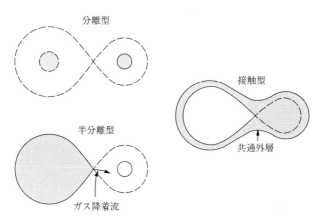

図4.13 近接連星系の3つの型（Shu (1982) Box 10.2 をもとに改変）

[*29] たとえば，Shu (1982) に詳しい説明がある．
[*30] 英語で "common envelope" といい，2つの星を共に覆う大気のことをいう．

4.5.2 連星系における質量輸送

以下では半分離型連星系を取り上げる.というのも,この型の連星系では質量輸送が起こってブラックホールでさえも明るく光らせるようすが観測されているからである.

半分離型連星系において質量輸送が起こる理由は以下の通りである.L_1 点にあるガスを考えよう.この点は先に説明したように,2つの星による重力と遠心力が釣り合った点になる.しかしながら,ロッシュロープを満たした星Aからは直接ガス圧が働き,ロッシュロープを満たさない星Bの側にはガスがないことからガス圧は働かない.したがって,L_1 点のガスは必ず星Bの側に押し出されることになる.いったん押し出されると,そのガスは星Bの重力に引かれて落ちていく.このような落下運動を**降着**[*31)]とよぶ.

しかしながら,ガスは星Bに向かってまっしぐらに落ちていくのではない.というのも,連星系が公転しており,ガスはコリオリ力を受けるからである[*32)].こうして,ガスは星Bの周囲を回転し,回転円盤を形成する(図4.13).この円盤を**降着円盤**[*33)]とよぶ.

この降着円盤はじつに明るく光る! というのも,ガスのもつ重力エネルギーを効率よく放射エネルギーに変換することができるからだ.そしてその放射効率は,中心天体がコンパクトであればあるほど大きい.その結果,ブラックホールさえも明るく光らせることができる[*34)].

具体的に降着円盤の光度をニュートン力学で見積もってみよう.それは単位時間あたりに中心天体に落ち込むガスの量,**ガス降着率**($\dot{M}$)に比例する.円盤光度は,中心天体の表面(円盤の内縁)の半径を r_* として,

$$L_{\text{disk}} = \frac{1}{2}\frac{GM\dot{M}}{r_*} \sim \frac{1}{4}\left(\frac{r_*}{r_\text{S}}\right)^{-1}\dot{M}c^2 \tag{4.36}$$

と書けるのだ.ここで $r_\text{S} \equiv GM/c^2$ はシュヴァルツシルト半径であり,中の項の1/2なる係数は,ガス降着により解放されたエネルギーのうち半分が放射に,残

[*31)] 英語で "accretion". 文献により「降積」という用語も使われる.
[*32)] L_1 点のガスは,星Bに対して(軌道運動に伴う)角運動量をもっているため,必ず星Bの周りを回転するはずだ.
[*33)] 英語で "accretion disk"(イギリス英語では "accretion disc").
[*34)] もちろん,ブラックホール自体が明るく光っているのではない.

4.5 近接連星系とコンパクト天体

り半分が回転運動エネルギーにいくことを反映している[*35)]. なお (4.36) 式は, 放射効率 η を用いて

$$L_{\text{disk}} = \eta \dot{M} c^2, \quad \eta = r_{\text{S}}/(4r_*) \tag{4.37}$$

と書き換えることもできる. 円盤内縁の半径が小さいほど, 放射効率が大きいことがわかる. たとえば太陽 (半径 70 万 km) の場合は $\eta \sim 10^{-6}$, 白色矮星の場合はその 100 倍 ($\sim 10^{-4}$) となる. 効率最大はブラックホールへの降着である. 最大回転するブラックホールの場合, 円盤内縁半径は $r_{\text{ms}} = r_{\text{S}}/2$ だから, $\eta = 50\%$ となる. これはニュートン力学における表式だが, 一般相対論で計算しても 42% とあまり大差ない[*36)].

近接連星系それぞれに典型的な降着率を代入してみる (表 4.2) と

$$\text{CV} \quad L_{\text{disk}} \approx \frac{GM\dot{M}}{2r_{\text{WD}}} = 4 \times 10^{26} \left(\frac{M}{1 M_\odot}\right) \left(\frac{\dot{M}}{10^{-9} M_\odot \,[\text{yr}^{-1}]}\right) \left(\frac{r}{10^7 \,[\text{m}]}\right)^{-1} [\text{J s}^{-1}] \tag{4.38a}$$

$$\text{XB(NS)} \quad L_{\text{disk}} \approx \frac{GM\dot{M}}{2r_{\text{NS}}} = 4 \times 10^{29} \left(\frac{M}{1 M_\odot}\right) \left(\frac{\dot{M}}{10^{-9} M_\odot \,[\text{yr}^{-1}]}\right) \left(\frac{r}{10^7 \,[\text{m}]}\right)^{-1} [\text{J s}^{-1}] \tag{4.38b}$$

$$\text{XB(BH)} \quad L_{\text{disk}} \approx \frac{GM\dot{M}}{2r_{\text{ms}}} = 4 \times 10^{30} \left(\frac{\dot{M}}{10^{-8} M_\odot \,[\text{yr}^{-1}]}\right)^{1/4} \left(\frac{r}{3 r_{\text{S}}}\right)^{-1} [\text{J s}^{-1}] \tag{4.38c}$$

を得る. 激変星 (CV) で太陽光度程度, X 線連星系 (XB) ではその 3〜4 桁上の大光度が出せることがわかる. もっとも, 放射の大部分が X 線や γ 線など高エネルギー領域である点で恒星と異なる (表 4.2 参照).

4.5.3 標準降着円盤モデル

前項で紹介した考察に鑑み, コンパクト天体周りの降着円盤の構造をどう簡便に記述するか, という標準モデルの構築競争ともいうべき論争が 1970 年代初頭に繰り広げられ, 標準降着円盤モデルが確立した[*37)].

[*35)] 星のヴィリアル定理 (2.1.3 項コラム G) に自転を入れて拡張すれば得られる.
[*36)] 最小安定円軌道半径については 4.4.4 項参照.
[*37)] 標準降着円盤モデルは, シャクラ (N. I. Shakura) とスニアエフ (R. A. Sunyaev) によるものがよく知られているが, その確立にはプリングル (J. E. Pringle), リース (M. J. Rees), リンデンベル (D. Lynden-Bell), ノビコフ (I. D. Novikov), ソーン (K. S. Thorne) も多大な貢献をした (嶺重, 2016). なおこのモデルは原始惑星系円盤 (第 5 章) や活動銀河核 (第 6 章) などに広く用いられている.

表 4.2 コンパクト天体と降着円盤

名称 (略号)	激変星 (CV)	X線連星系 (XB)		(活動)銀河核 (AGN)
中心天体	白色矮星	中性子星 (NS)	恒星質量のブラッ クホール (BH)	超巨大 ブラックホール
質量 M	$\sim M_\odot$	$\sim M_\odot$	$(3\sim20)\,M_\odot$	$10^5\sim10^9\,M_\odot$
半径 R	$\sim 0.01\,R_\odot$	~ 10 km	数十 km	$0.01\sim 10$ au
自由落下速度 #	$\sim 0.01c$	$\sim 0.3c$	$\sim c$	$\sim c$
降着円盤				
質量 M_d	$\ll M_\odot$	$\ll M_\odot$	$\ll M_\odot$	$\gg M_\odot$
半径 R_d	$\sim R_\odot$	$\sim R_\odot$	$\sim R_\odot$	~ 1 pc
温度 (K)	$10^{4\text{-}5}$	$10^{4\text{-}7}$	$10^{4\text{-}7}$	$10^{3\text{-}5}$
放射電磁波*	可視光〜紫外	可視光〜X	可視光〜X	赤外〜紫外
光度 ($L_\odot$)	~ 1	$\sim 10^4$	$\sim 10^5$	$\sim 10^4\,M/M_\odot$
動的時間 +	数秒	ミリ秒	ミリ秒	数時間〜年

(注)「放射電磁波*」は主な放射波長域のみ示す.「自由落下速度 #」および「動的時間 +」はそれぞれ $v_{\text{acc}}\sim\sqrt{GM/R}$, $t_{\text{dyn}}\sim\sqrt{R^3/GM}$(1.3.3項)で表される.

中心課題は,「いかにして降着円盤は明るく光ることができるか?」である. 換言すると, 降着ガスがもつエネルギーを

| 重力エネルギー ⇒ 熱エネルギー ⇒ 放射エネルギー |

というふうに, 効率よく変換していくにはどうしたらよいかという課題である.

理解のキーワードは「角運動量」と「粘性」. 角運動量をもったガスが中心天体の周りを回りつつ, 粘性の働きで徐々に角運動量を取り除かれて中心へと落ちていく. そのとき, 粘性加熱で暖まったその温度に似合う黒体放射で光るというタイプの流れが標準円盤となる. 定常の仮定の下, 一連の基本方程式を解いて得られる放射フラックスは

$$F(r) = \frac{3}{8\pi}\frac{GM\dot{M}}{r^3}\left(1-\sqrt{\frac{r_*}{r}}\right) \qquad (4.39)$$

となる(ここで r_* は円盤内縁の半径である). この式は, 解放された重力エネルギー(右辺)が, 粘性加熱による熱エネルギーの上昇を媒介して放射エネルギー(左辺)へと効率よく転化されることを意味している.

(4.39)式左辺のフラックスは円盤表面温度 T_eff を使って $F(r)=\sigma T_\mathrm{eff}^4(r)$ と書けるので，これはブラックホール質量と降着率を与えれば円盤表面温度が半径の関数として一意に決まることも意味する．具体的には

$$\mathrm{CV} \quad T_\mathrm{eff}(r) \sim 6\times 10^4 \left(\frac{M}{1M_\odot}\right)^{1/4} \left(\frac{\dot{M}}{10^{-10}M_\odot\,[\mathrm{yr}^{-1}]}\right)^{1/4} \left(\frac{r}{10^7\,[\mathrm{m}]}\right)^{-3/4} [\mathrm{K}] \tag{4.40a}$$

$$\mathrm{XB(NS)} \quad T_\mathrm{eff}(r) \sim 1.1\times 10^7 \left(\frac{M}{1M_\odot}\right)^{1/4} \left(\frac{\dot{M}}{10^{-10}M_\odot\,[\mathrm{yr}^{-1}]}\right)^{1/4} \left(\frac{r}{10^4\,[\mathrm{m}]}\right)^{-3/4} [\mathrm{K}] \tag{4.40b}$$

$$\mathrm{XB(BH)} \quad T_\mathrm{eff}(r) \sim 1.2\times 10^7 \left(\frac{M}{10M_\odot}\right)^{-1/2} \left(\frac{\dot{M}}{10^{-8}M_\odot\,[\mathrm{yr}^{-1}]}\right)^{1/4} \left(\frac{r}{3r_\mathrm{g}}\right)^{-3/4} [\mathrm{K}] \tag{4.40c}$$

である．なお，フラックスを円盤面全体で積分すれば円盤光度となる．

$$L_\mathrm{disk} = \int_{r^*}^\infty 2F(r)\cdot 2\pi r\,dr = \frac{3}{2}\left[-\frac{GM\dot{M}}{r}+\sqrt{\frac{r_*}{r}}\frac{2GM\dot{M}}{3r}\right]_{r^*}^\infty = \frac{1}{2}\frac{GM\dot{M}}{r_*} \tag{4.41}$$

こうして (4.36) 式が再現された．

4.5.4 連星系の質量の測り方

連星系の各星は，それぞれ軌道運動をしているため，個々の星についていろいろな情報を得ることができる．たとえば，両方の星の吸収線が見える分光連星の場合，2つの星の質量が以下のようにして求められる．図4.14にあるように，吸収線の波長が周期変化しているとしよう．ここで，星1と星2の振幅を速さの単位で K_1, K_2, 軌道周期を P とする．それぞれの星は，重心の周りを，角速度は $\Omega=P/2\pi$ で円運動をしているとすると，図4.12を参考に

$$K_1 = r_1\Omega\sin i, \quad K_2 = r_2\Omega\sin i \tag{4.42}$$

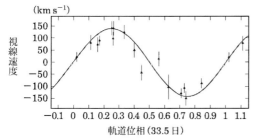

図 4.14 連星系ブラックホール GRS1915+105 の伴星の視線速度変化 (Greiner *et al.* (2001) をもとに改変)

を得る．ここで，i は軌道傾斜角（連星系の軌道面の法線と視線方向がなす角）であり，r_1, r_2 はそれぞれ星1，星2の重心からの距離で，

$$r_1 = \frac{M_2}{M_1+M_2}r, \quad r_2 = \frac{M_1}{M_1+M_2}r, \quad r = r_1 + r_2 \tag{4.43}$$

の関係がある．さらにケプラーの第3法則から

$$\Omega = \sqrt{G(M_1+M_2)/r^3} \tag{4.44}$$

を用いる．未知の量の数は5つ（r_1, r_2, r, M_1, M_2），方程式の数も5つ（(4.42) 式～(4.43) 式）である．式を解いた答えは

$$\frac{PK^3}{2\pi G} = \frac{M_1^3 \sin^3 i}{(M_1+M_2)^2} \tag{4.45}$$

となる．この左辺は観測量のみの関数であることに注意しよう．すなわち，観測で K と P を求めれば天体ごとに固有の値が定まる．一方，右辺は2つの星の質量だけの関数なので，$f(M_1, M_2)$ とおこう．これは**質量関数**[*38]とよばれる量である．特に $M_2 > 0$, $\sin i \leq 1$ であることを用いれば，

$$f(M_1, M_2) \equiv \frac{M_1^3 \sin^3 i}{(M_1+M_2)^2} < M_1 \tag{4.46}$$

であることが示される．すなわち質量関数は，コンパクト天体の下限値を与えるものであり，観測から求めた質量関数の値が $3M_\odot$ を超えていれば，コンパクト天体はブラックホールであると結論できる[*39]．なお，質量関数が $3M_\odot$ を超えなくても，観測で伴星質量や軌道傾斜角に制限がつけば M_1 の下限がわかるので，それを根拠にブラックホールと認定される場合も多々ある．こうして銀河系で十数個の連星系ブラックホールが知られている．

4.5.5　近接連星系を巡る話題

a. 新星爆発

激変星とは白色矮星と晩期型星からなる近接連星系であり（表4.2），中には古典新星や再起新星など，激しい活動性を示す星が含まれる．これらの新星は，白色矮星表面での核融合反応の暴走で起こると考えられている．なぜ核反応が暴

[*38] 英語で"mass function"．天体の質量ごとの分布も質量関数というので注意（6.3.1項の3）参照）．

[*39] 4.3.2項参照．

走するのか，考えてみよう．

2.2.3 項で太陽の中で核融合は安全弁が備わっていると述べた．その理屈は以下のようであった．

$$L_c > L_* \Rightarrow \text{熱がたまる} \Rightarrow T\uparrow, P\uparrow \Rightarrow \text{膨張} \Rightarrow \rho\downarrow, T\downarrow, P\downarrow \Rightarrow \text{核反応率}\, \varepsilon\downarrow \Rightarrow L_c\downarrow \Rightarrow L_c = L_*$$

最終的に平衡状態に戻るので太陽は安定である．では白色矮星表面ではどうだろうか．どのプロセスが変更を受けるのか，考えてみてほしい．

答えは，「膨張が起きない」である．なぜなら，白色矮星表面では縮退圧が優勢であり，したがって圧力は温度によらない（密度だけの関数である）．温度が上がっても圧力は上がらないので，膨張が起きないのだ．一方，核反応率は温度に敏感な関数なので，温度上昇に伴い核融合反応はますます盛んになる．さらに温度が上昇し，やがて縮退がとけると一気に圧力が高まって表面の物質は吹き飛ばされる．これが新星爆発である．まとめると以下のようになる．

$$L_c > L_* \Rightarrow \text{熱がたまる} \Rightarrow T\uparrow\, (\text{膨張はなし}) \Rightarrow \varepsilon\uparrow \Rightarrow T\uparrow\uparrow \Rightarrow \cdots$$

b. 矮 新 星

矮新星とは，新星と同じく激変星に属し，しかも比較的小規模な 2~5 等の爆発的増光を数週間ごとに繰り返すグループである．激変星は比較的明るいことから，20 世紀初頭から長い観測の歴史がある[*40]．

この爆発的変光の原因は何だろうか．まず観測から，光度が変動しているのは，主星や伴星でなく降着円盤であることがわかった．定常円盤では光度は変動しない．円盤光度が変動するということは，(1) 伴星から円盤に供給されるガスの量 $\dot{M}_{\text{input}}$ が変化するか，(2) $\dot{M}_{\text{input}}$ は一定だが主星に落ちるガスの量 $\dot{M}_{\text{acc}}$ が変動するか，のどちらかである．激しい論争の後，後者（「円盤不安定モデル」とよばれる）に軍配があがった[*41]．そのエッセンスはS字型熱平衡曲線（図 4.15）で理解される．横軸は面密度（ガス密度を円盤面に垂直方向に積分したもの）である．

暗いとき，円盤はAブランチにある．供給されるガス量（$\dot{M}_{\text{input}}$）が出ていく

[*40] 超新星と並びアマチュアの間で人気がある天体である．アマチュアが研究最前線に貢献することは，天文学以外の研究分野ではあまり例がないことである．

[*41] 議論の詳細は，嶺重 (2016) を参照のこと．

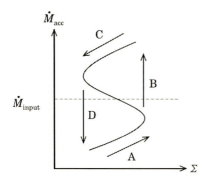

図 4.15 S字型熱平衡曲線とリミットサイクル
横軸は円盤の面密度,縦軸は円盤から白色矮星への降着率をそれぞれ表す.

ガス量 ($\dot{M}_{\rm acc}$) より大きいため面密度 (Σ) は増加し,やがてS字下部の折れ曲がりに達する.その先は熱平衡点がなくなるので円盤不安定性が発生して円盤温度が上昇し円盤はCブランチへと遷移する.これが増光状態に対応する.Cブランチでは,逆に入ってくるガス量より出ていくガス量が多いため面密度は減少し,やがてS字上部の折れ曲がりに達する.そこで再び円盤不安定性により温度が低下し,Aブランチに戻って1サイクルが完結する.このようなサイクルをリミットサイクルとよぶ.

c. 強磁場激変星

激変星の白色矮星が強い磁場をもっている場合を考えよう.ガスは磁力線を突っきって降着できないので,ガスが入り込めない領域,すなわち磁気圏が形成される.ガスは磁気圏表面をすべるように,白色矮星の磁極から表面へと降着する(図4.16).こうしてパルサーに似たような現象が起きることが期待される.

じつは,同様のことが,X線連星系において中性子星が強い磁場をもつときにも起こり得る.これはX線パルサーとよばれる現象である.

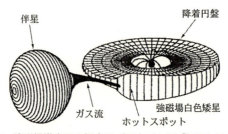

図 4.16 強磁場激変星の概念図(野本ほか編『恒星』図1.37)

d. X 線 新 星

最後に,激しい増光を示すブラックホールを含むX線連星系の例をあげよう.ブラックホールX線新星とよばれ,日本のX線天文学研究が華々しい成果をあげた研究対象である.図4.17に観測例をあげる.わずか数日でX線光度が数桁上昇し,その後,数百日かけて指数関数的に光度が減衰する現象である.

このブラックホールX線新星も,bの矮新星と同じ円盤不安定性が原因で起こることがわかっている.このように,白色矮星と中性子星は,サイズにして3桁,したがって降着光度で3桁,時間スケールで4桁以上異なるものの,定性的に似たような現象を起こすことは興味深い.

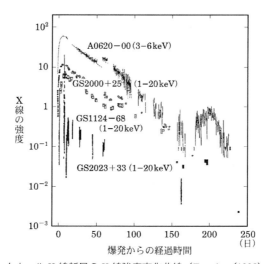

図 4.17 ブラックホール X 線新星の X 線強度変化曲線 (Tanaka (1992) をもとに改変)

Chapter 5

太陽系惑星と系外惑星

　今，太陽系の概念が大きく変わりつつある．それには理由がある．

　第一の理由は，次々と遠方の太陽系天体が見つかっていることである．かつて太陽系といえば冥王星軌道～50 au（～10^{13} m）までであった．今や太陽系ファミリーの領域は 0.1 pc（～$10^{15.5}$ m）に達し，2桁以上も拡がった．惑星が再定義され，冥王星が多くの仲間と共に太陽系外縁天体と位置づけられたことが象徴的なできごとである．

　第二の理由は，太陽系天体探査が進み，天体の姿が間近にとらえられたことである．こうして明らかにされた惑星や衛星の特徴をひとことでいうと，「個性豊か」ということばに尽きる．基本法則があって少数のパラメータを与えるとおおよその姿がわかってしまう恒星とは対照的である[*1]．

　第三の理由は，太陽系の外に惑星系が多数見つかっていることである．それら系外惑星系[*2]はじつにバラエティに富んでおり，太陽系しか知らなかった私たちに大きなインパクトを与えた．また惑星形成論についても，新しい切り口で研究することが可能になったのだ．

　本章では，太陽系天体の概説（5.1節），個性豊かな天体個々の記述（5.2節）は最小限に抑え，惑星形成論（5.3節）と系外惑星（5.4節）に重点をおき，惑星系の統一像を描き出す．

[*1]　低温の物質は，同じ温度・密度でもさまざまな形態をもち得るのである．見た目が異なる岩石の組成が，同じ化学式で書かれることがままある．

[*2]　太陽系外惑星ともいう．現在は「系外惑星」と省略するのがふつう．

5.1 太陽系天体

まずはざっと太陽系にある天体を概観しよう．太陽の周りを回る惑星，小惑星，彗星，惑星の周りを回る衛星がその代表格である．

5.1.1 惑星とその定義

かつて太陽系の惑星といえば，水・金・地・火・木・土・天・海・冥で知られる 9 惑星であった．「第 10 惑星はないのか？」との問題意識の下で惑星探査が進められた結果，冥王星のような天体が多数見つかったことが，太陽系惑星の「再定義」問題へと発展した．

そして 2006 年の国際天文学連合総会で「惑星の定義」が定められた．それによれば，惑星とは以下の 3 条件「すべて」を満たす天体である．
1) 太陽の周りを回る
2) 質量が十分大きいため，自己重力でほぼ球形をしている
3) 自分の軌道周辺からほかの天体を一掃[*3)]している

冥王星は，この条件のうち 3) を満たしていない．そのため，冥王星は「惑星」というカテゴリーからははずされた．そして新しい太陽系像を象徴する新グループ，**太陽系外縁天体**[*4)]の代表となったのである．

5.1.2 太陽系惑星の特徴

表 5.1 に，太陽系惑星の特徴をまとめておいた．太陽系惑星は現在，形成論の立場から 3 つに分類することが多い．まず岩石が主成分の**地球型惑星**は，半径は小さく，密度は高い．衛星の数も多くはない．2 つ目の分厚い大気をまとった**木星型惑星**は，半径が地球型惑星より一桁大きく，また多くの衛星，そしてリング（環）をもっているが，一方で密度は低い．しばしば「巨大ガス惑星」とよばれるが，中心に岩石・金属の核があるらしい．3 つ目の，氷が主成分の核にガスを

---

*3) 英語で "clear"．「(軌道周囲に) 何もない」が原語の意味するところである．
*4) 英語で "Trans-Neptunian Object"（略して "TNO"）．冥王星 (Pluto) が惑星でなくなったことから「降格した」(pluto) なんて言い方をすることは大間違い．冥王星は新天体グループの代表に出世したのだ．

まとった**海王星型惑星**[*5)]は，かつては木星型惑星に分類されており，半径，密度，衛星数，いずれも地球型と木星型の中間であり，リングをもっている．

こうした異なる性質をもつ惑星が存在するのは，太陽の近いところと遠いところで物理過程が異なることが原因である．

さて太陽系生成を念頭に，惑星の特徴を少し詳しくみておこう．

1) サイズ（半径） 木星型惑星は太陽のおおよそ1/10，地球型惑星はさらにその1/10である．

2) 質量 太陽は，太陽系の全質量の99.9%を占めている．最大の惑星，木星でも太陽の1/1000にすぎない[*6)]．

3) 公転軌道 惑星は太陽を一つの焦点とする楕円軌道上をケプラー回転する（ケプラーの法則）．軌道はほぼ同一平面上にあり，離心率は小さい．また，惑星は太陽系の全角運動量の大部分をもっている．これらの事実は，太陽系が角運動量をもって太陽の周りを回転していた円盤の中でできたことを強く示唆している[*7)]．

4) 自転 惑星はほぼ公転と同じ向きに自転しているが，例外もある．金星は逆回転，天王星は軌道面に対し横倒しに回転している．「巨大衝突」(5.2.4項)

表5.1 惑星の比較（「惑星は個性的！」ということがよくわかる）

	単位	地球型惑星 （岩石惑星） 水星, 金星, 地球, 火星	木星型惑星 （巨大ガス惑星） 木星, 土星	海王星型惑星 （巨大氷惑星） 天王星, 海王星	月（参考）
太陽からの距離	地球=1	0.4〜1.5	5〜10	20〜30	
半　径	地球=1	0.4〜1.0	〜10	〜3.5	0.27
質　量	地球=1	0.06〜1.0	100〜320	〜15	0.01
平均密度	10^3 kg m^{-3}	3.9〜5.5	0.7〜1.3	1.3〜1.6	3.34
衛星の数	個	0〜2	〜50（以上）	10〜30	
リング（環）		なし	あり	あり	

[*5)] 文献により「天王星型惑星」ともよばれる．
[*6)] 体積が$(1/10)^3=1/1000$だから，木星の平均密度は太陽とほぼ同じになる．
[*7)] 太陽系惑星の軌道半径を表す式として，ティティウス-ボーデの法則（aを長半径として$a=0.4+0.3\times 2^n (n=-\infty, 0, 1, 2, \cdots, 7)$）が知られているが，科学的根拠が乏しく，海王星軌道はこの法則からかなりずれるので注意が必要．

が自転の向きを変えた原因だと考えられているが,詳細はまだよくわかっていない.

5) 力学的安定性 太陽系は数十億年にわたり極めて安定に存在していたと思われる[*8].これには,(1) 大きな惑星が2つある(2つしかない)ことと (2) すべての惑星がほぼ同一面内でほぼ円軌道を回っていることと大きな関係がある.

5.2 惑星各論

次にタイプ別に惑星の特徴をみていこう[*9].

5.2.1 地球型惑星

地球型惑星は,0.4 au〜1.5 au に分布し,ほぼ同一面上を円軌道している.大きさをみると,地球が最大で金星はほぼ同じ,火星はおおよそ半分,水星が一番小さい(表5.2).

注目すべきは密度で,すべて 5×10^3 kg m^{-3} 前後であり,太陽や木星型惑星($\sim 1 \times 10^3$ kg m^{-3})より有意に大きい[*10].岩石主体の惑星であるゆえんである.大気成分については,酸素・窒素主体の地球と,二酸化炭素主体の金星・火星とで大きく差が出ている.

表5.2 地球型惑星の比較(なお地球質量は $M_\oplus = 5.97 \times 10^{24}$ [kg])

	水 星	金 星	地 球	火 星	月(参考)
質量($1\,M_\oplus$)	0.055	0.86	1	0.107	0.0012
赤道半径(km)	2439	6006	6375	3394	1737
密度($\times 10^3$ kg m^{-3})	5.4	5.3	5.5	3.9	3.34
中心核半径(km)	1800	3000	3400	1300-1600	≤500
大気(気圧)		90	1	0.006	
大気成分	Na, K	CO_2	N_2, O_2	CO_2	Na

[*8) 長い間信じられていたこの「常識」は,軌道移動(5.4.3項)の考え方が導入されてから,ゆらいでいる.
[*9) 本節の記述においては,渡部ほか編(2008)を参考にした.
[*10) cgs で表すと 〜1 g cm^{-3}(だから筆者は cgs 表記を好む).

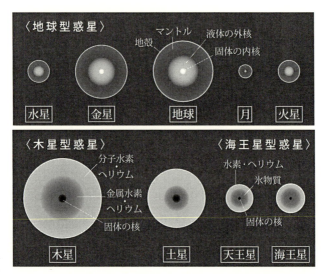

図 5.1 地球型惑星と月の内部構造と木星型・海王星型惑星の内部構造

次に内部構造をみてみよう．地球型惑星はすべて，金属主体の中心核と岩石主体のマントルからなっていると考えられている（図 5.1）．

1) 中心核　鉄（Fe）とニッケル（Ni）が主成分で，酸素（O），硫黄（S），水素（H）も含まれる．惑星は，直径 10 km ほどの微惑星[*11]が衝突・合体してできたと考えられているが，微惑星には岩石と金属が混合しており，その集積に伴う重力エネルギーの解放により溶融して重い金属成分が中心に集まったと考えれば，うまく説明できる．

2) マントル　主にマグネシウム（Mg），鉄，アルミニウム（Al），ケイ素（Si），酸素からなる岩石の集合体である．主成分はカンラン岩（Mg_2SiO_4）であると考えられている．形成直後はマグマの海をつくっていたと考えられている．現在では固体であり，ゆっくりとした対流運動をしている．対流を駆動する内部熱源としては，カリウム（K），ウラン（U），トリウム（Th）などの放射性元素に加えて，形成時の集積熱の残滓が担っていると考えられている．

3) 地殻　密度の低い岩石層であり，主成分は玄武岩である．地球表面は，厚さ～50 km の大陸プレートと，厚さ～10 km の海洋プレートで覆われている．プ

[*11]　5.3.3 項参照．

レートは内部熱源により対流運動をする．このプレート運動が地球表面の地震や火山などの地質活動を支配している．このような考え方を**プレートテクトニクス**という．しかし不思議なことに，地球以外の惑星ではその証拠はない．

5.2.2　地球の際だった特徴
次に，地球の特徴をほかの地球型惑星と比較して列挙してみよう．
1) 表面の年代が若い．これは浸食とプレート運動の結果である．
2) 地表面の7割が液体の水に覆われており，「水惑星」とよばれる．地球の海の平均水深は3,800 m であり，地球全体でならすと2,440 m となる．「水惑星」というものの，岩石に対する含有量は少ない．
3) 唯一生命活動が確認されている星である．生命は地球の表層環境にも重大な影響を与えている．
4) 大気の主成分は窒素が78%，酸素が21%，それに水蒸気が0.2%，アルゴンが1%ほど含まれている．水は液体として海に，氷として極になり，水蒸気（雲）として地表を覆う．また火星，金星に比べて二酸化炭素が非常に少ない．かつては多かったが，今では炭酸塩として地殻に取り込まれている．代わりに生命の排出する酸素が主成分になった．
5) 大気の温度は高度と共に低下するが，50 km 上空で一時上昇する．これはオゾン（O_3）による紫外線の吸収のためである．
6) 海洋プレートは，中央海嶺で絶えず形成され海溝で沈み込むプレート運動を示す．地球内部で発生した熱はプレート運動により表面に運ばれる．
7) 強い磁場をもつ（水星でも確認されている）．磁場は液体金属核での流体運動によるダイナモ作用でつくられたと考えられている．

5.2.3　木星型惑星と海王星型惑星
木星型惑星は5.1.2項で述べたように，形成論の立場から木星型惑星と海王星型惑星に再分類することが多い．両者の違いに留意しながら特徴をみていこう．

表5.3に木星型惑星と海王星型惑星を比較してまとめた．質量は木星型でおおむね地球の100倍（以上），海王星型で十数倍である．木星型惑星の大部分は水素・ヘリウム主体の大気成分であり，中心にあると推定されている金属と岩石からなる核は，地球質量の数倍〜20倍と比較的小さい．したがって密度も地球型

表5.3 木星型・海王星型惑星の比較

	木 星	土 星	天王星	海王星
質量 ($M_\oplus$)	318	95.2	14.5	17.2
赤道半径 (km)	71,490	60,270	25,560	24,760
密度 ($\times 10^3$ kg m^{-3})	1.33	0.69	1.27	1.64
中心核質量 ($M_\oplus$)	5〜20	10〜20	〜13	〜16
大気質量 ($M_\oplus$)	〜313	〜83	〜1	〜1
衛星の数	>49	>53	27	13
大気主成分	H, He	H, He	H, He	H, He
雲主成分	NH_3, H_2O	NH_3, H_2O	CH_4	CH_4, C_2H_4

惑星の数分の1で，ほぼ地上の水の密度に近い．海王星型惑星においても，中心にある核の質量は同程度であると推定されている．ただし大気質量は小さい．さらに特徴は衛星の数が多いこと，すべての惑星にリングがあることである．また，強い磁場をもつことも特徴である（地球型惑星の地球と水星にもある）．

次に内部構造である．惑星の内部構造の手がかりは，圧力-密度関係にある．ここで，1.3.6項でも取り上げたポリトロープの関係 ($P \propto \rho^\gamma$) を仮定しよう．ポリトロープ指数 N を $\gamma \equiv 1+(1/N)$ で定義し，$N=1$ とおくと半径は $R=\sqrt{\pi K/2G}$ となり，質量によらなくなる[*12]．

水素が主体のガス球を考えると，おおよそ $K=2.7 \times 10^{12}$ cm^5 g^{-1} s^{-2} が成立するので，この数値を代入して $R=8.0 \times 10^4$ km を得る．この値は，木星（半径 7.1×10^4 km）および土星（半径 6.0×10^4 km）に近い．すなわち木星型惑星は，水素主体と考えてよい（ヘリウムもある）．一方，海王星型惑星の半径はこの約1/3であるから，水素主体ではないと結論される（図5.1）．

より詳しくみてみよう．木星と土星については，水素・ヘリウムが主体で，大気中にも重元素を含む．木星で炭素，窒素，硫黄が太陽組成の2〜3倍，土星においてはさらに過剰であるといわれている．中心部には，高密度で石や鉄からなる核があるといわれている．天王星と海王星では，水素・ヘリウム総質量は〜1 $M_\oplus$，残りは重い元素（十数 $M_\oplus$；木星・土星と同程度）である．また「氷」物質[*13]が体積の大部分を占める．

[*12] 1.3.6項のレーン-エムデン方程式．ここの議論は渡部ほか編（2008）をもとにした．
[*13] H_2O, NH_3, CH_4 などの揮発性物質をいう．英語で "icy materials"．

そのほか，木星型・海王星型惑星の大気には，東西ジェット（緯度によって向きが変わる高速流）や，高度ごとに成分（CH_4, NH_3, H_2O など）が変わる雲の存在など，興味深い特徴が多々ある．専門書を参照されたい．

5.2.4 さまざまな衛星

衛星の数は惑星ごとに大きく異なる．地球型惑星には少なく（水星，金星はゼロ），木星型惑星には多い．またリングは木星型惑星に普遍的にみられるという点で対照的である．リングは無数の（岩石および氷）粒子からなり，互いに衝突を繰り返しながら惑星を回転している．図 5.2 は衛星の母惑星からの位置を示した図である．

本体の惑星による潮汐相互作用は，衛星内部を暖めたり，火山噴火などの地質活動を引き起こしたりする．実際，木星の衛星のイオや土星の衛星のエンセラダ

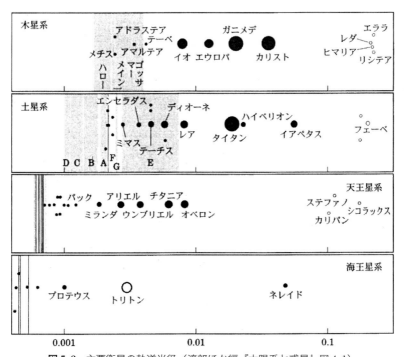

図 5.2 主要衛星の軌道半径（渡部ほか編『太陽系と惑星』図 4.1）
黒丸：規則衛星（中心星の自転と同じ向きにほぼ円軌道で公転する惑星），白丸：不規則衛星．

ス，海王星の衛星のトリトンで火山噴火が起きていることが知られている．

衛星の起源としては，複数の機構が提唱されている．以下は代表的な3機構である．

周惑星円盤からの衛星形成　原始惑星系円盤からの惑星形成（次節参照）のミニチュアバージョンともいえる説で木星型惑星の規則衛星の起源らしい．それらがほぼ同じ軌道面を回っていることや惑星からの距離が遠くなるほど温度が低くなって氷成分の割合が上昇するという観測結果をうまく説明するからである．

太陽中心軌道をもっていた天体の捕獲　不規則衛星の大部分の起源らしい．逆行衛星のトリトンは密度が高いことから，捕獲起源と考えられている．

巨大衝突[*14)]**による衛星形成**　惑星形成論（次節で詳述）によると，惑星形成の末期には原始惑星同士がひんぱんに衝突したとされる．その衝突に伴って衛星ができたというのがこの説で，月がその代表例である．この説では原始地球が生まれてまもなく火星サイズの惑星が衝突し，衝突惑星と原始地球の一部が砕けて軌道上に放出され，主に原始惑星のマントル物質が合体集積し，月が誕生したと考えられている．月に揮発性物質と鉄が不足していること，月が溶解していたことを自然に説明している．

5.3　惑星形成論[*15)]

この節では，太陽系の多彩な顔ぶれを生み出す理論について概説する．そのベースとなるのは，京都大学で誕生した「京都モデル」である．

5.3.1　太陽系形成論の概略

太陽系（惑星）はいかにして形成されたのだろうか？　この問題は，古くは哲学者によって論じられてきた．中でも有名なのは18世紀のカント-ラプラスの星雲説である．これは，原始太陽の収縮に伴って飛び出したガスからできたというものだが，今では否定されている．というのも，惑星を飛び出させる物理メカニ

[*14)]　英語で"giant impact"．略してGIとよばれる．
[*15)]　本節の記述について，詳細は井田（2007）第5～7章を参照されたい．

ズムは不明だからである[16]．

20世紀に入り物理的モデルが提唱された．まずは，キャメロン（A.G.W. Cameron）の重力不安定説[17]．これは，原始太陽系円盤が重力不安定により分裂して惑星となったという説である．これに対立したのは，サフロノフ（V. Safronov）や林忠四郎[18]の集積説（微惑星が集まってできたとする説）である．今では，後者が太陽系形成論の定説となっている．

以下では，林らによって提唱された「京都モデル」を紹介する．その基本は3つある．

(1) 円盤仮説　惑星は，水素・ヘリウムガスと固体ダストからなる円盤から生まれた．

(2) 微惑星仮説　ダストが集合して微惑星（キロメートルサイズ）になり，さらに集合して岩石惑星を形成した．

(3) コア集積モデル　微惑星による固体コア（中心核）が円盤ガスをまとって巨大ガス惑星が形成された．

実際の惑星形成に至る流れは以下の通りである（表5.4, 図5.3）．

(1) 太陽系形成期　星間雲からの原始太陽と円盤の形成．分子雲中の分子雲コアが重力収縮して原始太陽が誕生[19]したと同時に，その周りに原始惑星系円盤が形成される．

表5.4　太陽系形成の5段階

(1) 太陽系形成期	星間雲からの原始太陽と円盤の形成	10^5 年
(2) 材料物質集積期	微粒子の成長，微惑星の形成	10^{5-6} 年
(3) 惑星の前期成長期	微惑星の合体・成長と原始惑星形成	10^{6-7} 年
(4) 惑星の後期成長期	原始惑星の衝突・合体，ガス捕獲	10^{6-7} 年
(5) 太陽系完成期	太陽系星雲の消失，小惑星形成	10^{7-8} 年

[16] 仮に遠心力で惑星を吹き飛ばしたとした場合，原始太陽はできた当初，全体が回転でばらばらになるくらい大きな比角運動量（単位質量当たりの角運動量）をもっていたはずであるが，それがどこに行ったかは不明である．また惑星が現在もつ比角運動量が，原始太陽がぎりぎり吹き飛ぶだけの値よりはるかに大きいことも説明できない．

[17] Cameron (1978)．太陽系形成の文脈では現在，否定されているが，太陽系外惑星系の一部については説明できるかもしれない．まさに歴史は繰り返す．

[18] Safronov and Zvjagina (1969), Hayashi (1981).

[19] 3.3.4項参照．

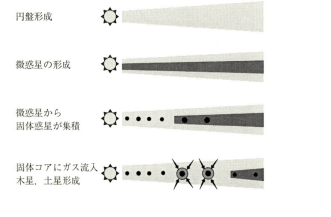

図 5.3　太陽系形成標準シナリオ（井田『系外惑星』図 3.1 をもとに改変）

(2) **材料物質集積期**　微粒子の成長，微惑星の形成．ダスト成分が円盤赤道面に沈澱し，衝突・合体を繰り返してサイズを増し，やがてキロメートルサイズの微惑星を形成する．

(3) **惑星の前期成長期**　微惑星の合体・成長と原始惑星形成．微惑星がさらに合体・成長を繰り返して，地球型惑星と巨大ガス惑星のコアを形成する．

(4) **惑星の後期成長期**　原始惑星の衝突・合体，ガス捕獲．惑星コアが衝突・合体を繰り返して質量が ～10 地球質量になるとコアはどんどん円盤ガスを取り込んで太るようになる．惑星質量が増えるほどガス流入は加速し，巨大ガス惑星形成は暴走的に進行する．

(5) **太陽系完成期**　太陽系星雲の消失，小惑星形成．何らかの原因で円盤ガスが散逸し，惑星系が残される．散逸の原因としては，光蒸発，粘性降着，ウィンドなどが考えられている．

では，内側に岩石惑星，外側に巨大ガス惑星という太陽系独特の構造はどのようにしてできたのだろうか．京都モデルでは以下のように考える．

まず中心星から遠く離れるほど惑星間隔が広がり，一惑星の集めることができ

るダスト量が大きくなることが大事である．また，氷線[*20)]

$$r_{\rm ice} \sim 2.7(L/L_\odot)^{1/2}\ [\mathrm{au}] \quad (5.1)$$

以遠では温度が150〜170 K以下となり，円盤内のH_2Oは凝縮してコア密度を3〜4倍に高めることも，重要な要因である．コア質量が大きいと，コアは円盤ガスを取り込んでさらに太ることができる．こうして太陽から離れるほうが大きな巨大ガス惑星ができやすくなるのである．

しかし太陽から離れるほど，コア形成に時間（半径の3乗に比例）がかかる．したがって，惑星形成は内から外へ順に進行する．そして天王星と海王星のコアができたときにはすでに円盤ガスがかなり散逸していたため，海王星型惑星の大気は薄くなったと考えることができる．

5.3.2 原始惑星系円盤[*21)]

以下，惑星形成に至る道筋をもう少し定量的に説明しよう．

惑星形成における最重要パラメータは，初期円盤質量である．ここで母体となるのは，**太陽系円盤復元モデル**[*22)]である．これは，太陽系を再現するのに必要最低限の材料（固体成分）を含んだガスとダスト円盤のモデルである．すなわち，地球型惑星（ケイ酸塩，鉄）と巨大ガス惑星の固体（氷，ケイ酸塩，鉄）をすりつぶしてなめらかな面密度分布を確定し，（今はない）水素・ヘリウムの推定量を加えたものが最小質量の円盤である．円盤の大きさは〜30 au，質量は$M_{\rm disk} \sim (0.011-0.2) M_\odot$とする．うち固体成分はこの1%を占めるとする．

この太陽系円盤復元モデルの基本仮定をここにまとめておこう．
1) 円盤内の惑星の固体材料物質はすべて太陽系の惑星に取り込まれたとする．
2) 円盤内の惑星の固体材料物質は最小移動で最寄りの惑星に取り込まれたとする．
3) 円盤のダスト/ガス比は，太陽系元素組成から推定される値とする．

この仮定からモデルを定量化しよう．まず面密度 $\Sigma \equiv \int \rho dz$（密度を円盤面垂直方向に積分したもの）は，ダスト，ガス，それぞれにつき

[*20)] 英語で"ice line"，あるいは雪線（"snow line"）ともよばれる．
[*21)] 本項の記述は渡部ほか編（2008）を参考にしている．
[*22)] Hayashi (1981)．太陽系最小質量モデルともよばれる．

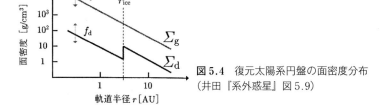

図 5.4 復元太陽系円盤の面密度分布 (井田『系外惑星』図 5.9)

ダスト量
$$\Sigma_d \equiv 10 \times f_d \eta_{ice} \left(\frac{r}{1\,[\mathrm{au}]} \right)^{-3/2} \,[\mathrm{g\,cm^{-2}}] \tag{5.2}$$

ガス量
$$\Sigma_g \equiv 2400 \times f_g \left(\frac{r}{1\,[\mathrm{au}]} \right)^{-3/2} \,[\mathrm{g\,cm^{-2}}] \tag{5.3}$$

と表される (図 5.4). ここで f_d, f_g はスケールファクター (太陽系では1), η_{ice} は H_2O 凝縮の効果を表し[*23], 以下のように表される.

$$\eta_{ice} = \begin{cases} 1 & (r < r_{ice}) \\ 4.2 & (r > r_{ice}) \end{cases} \tag{5.4}$$

すなわちこれは, 氷線以遠でダスト量がかさ上げされることを意味する. 面密度を動径方向に 36 au まで積分して, 円盤質量

$$M_{disk} = \int 2\pi r \Sigma_g dr = 0.018\, M_\odot \tag{5.5}$$

を得る.

ところでこの値は, 原始惑星系円盤観測による推定値 $(10^{-2.5} \sim 10^{-1.0}) M_\odot$ の範囲内に入る[*24]. 質量の推定の仕方は以下の通りである.

円盤は振動数の低いサブミリ波, ミリ波の領域では光学的に薄いことから, ガスの量と放射量におおよそ以下の関係がつく.

$$L_\nu = \int 4\pi \kappa_\nu B_\nu(T) \Sigma_g 2\pi r dr \sim M_{disk} \cdot 4\pi \kappa_\nu B_\nu(T) \tag{5.6}$$

レイリー・ジーンズ領域 (長波長領域; 1.2.4項) で $B_\nu = 2\pi \nu^2 kT/c^2$ である (1.2.4項) ことに注意して

[*23] オリジナルモデルは 1 au で $\Sigma_d = 7\,\mathrm{g\,cm^{-2}}$ としている. また氷凝縮効果は3倍という報告もあるが, ここでは詳細には触れない.

[*24] 光学的に薄い円盤のスペクトル分布からおおよその円盤質量がわかる.

5.3 惑星形成論

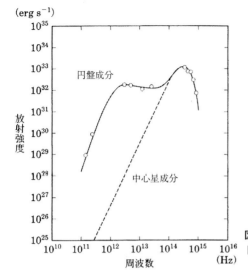

図 5.5 若い星（LkCa 15）の放射スペクトル（Kitamura et al., 2002 をもとに改変）

$$M_{\mathrm{disk}} \sim 0.01 \left(\frac{\nu L_\nu}{10^{29}\,[\mathrm{erg\,cm\,s^{-2}}]}\right) \left(\frac{\lambda}{1.3\,[\mathrm{mm}]}\right)^3 \left(\frac{T}{20\,[\mathrm{K}]}\right)^{-1} \left(\frac{\kappa_\nu}{0.003\,[\mathrm{cm^2\,g^{-1}}]}\right)^{-1} M_\odot \tag{5.7}$$

を得る．図 5.5 は円盤の典型的スペクトルである．中心星からの光が可視光に，円盤からの光が赤外超過として現れることが特徴である．

5.3.3 ダストから微惑星へ

原始惑星系円盤は，ガス（水素，ヘリウム）と 2〜3% の重元素を含む．酸素が 0.7%，C が 0.3%，鉄が 0.15%，窒素（N），マグネシウム，ケイ素が 0.08% といった割合である．これらの重元素は低温になると凝縮してダストを形成する．1300〜1500 K 以下では鉄などの金属やケイ酸マグネシウム（$MgSiO_3$）などのケイ酸塩が凝縮し，150〜170 K 以下では水（H_2O）が，さらに 100 K 以下になるとアンモニア（NH_3），二酸化炭素（CO_2）が凝縮してダストを形成する．これらのダストが集合して惑星ができていくのだ．

ダストの初期サイズはおおよそ 0.1〜1 μm である．サイズが小さいうちはガスから抵抗を受けてガスと共に運動する．しかし，ある程度サイズが大きくなるとダストはガスと独立に運動するようになり，km サイズに達するとガスが散逸

しても残るようになる．このサイズのダスト塊を**微惑星**とよび，これがさらに凝縮して原始惑星が形成されるのだ．

ガス（速度 **U**，密度 ρ_{g}）とダスト（速度 **u**，密度 ρ_{d}）の運動は，

$$\rho_{\mathrm{g}}\frac{d\mathbf{U}}{dt} = -\rho_{\mathrm{d}}\frac{\mathbf{U}-\mathbf{u}}{\tau_{\mathrm{stop}}} - \frac{GM_*\rho_{\mathrm{g}}}{r^3}\mathbf{r} - \nabla P \tag{5.8a}$$

$$\rho_{\mathrm{d}}\frac{d\mathbf{u}}{dt} = -\rho_{\mathrm{d}}\frac{\mathbf{u}-\mathbf{U}}{\tau_{\mathrm{stop}}} - \frac{GM_*\rho_{\mathrm{d}}}{r^3}\mathbf{r} \tag{5.8b}$$

となる．ここで P はガス圧，τ_{stop} はダストがガスから抵抗を受けて減速される時間である[*25]．その値は，1 cm 以下のダストの場合

$$\tau_{\mathrm{stop}} \sim 1.5 \times 10^{-4}\left(\frac{d}{1\,[\mathrm{cm}]}\right)\left(\frac{r}{1\,[\mathrm{au}]}\right)^{3/2} T_{\mathrm{K}} \ll T_{\mathrm{K}} \tag{5.9}$$

となる．ここで

$$T_{\mathrm{K}} \equiv 2\pi\sqrt{\frac{r^3}{GM_*}} \sim 1.0\left(\frac{r}{1\,[\mathrm{au}]}\right)^{3/2}\left(\frac{M_*}{M_\odot}\right)^{-1/2} [\mathrm{yr}] \tag{5.10}$$

は回転時間（ケプラー時間；ダストが一公転する時間），またダスト密度を 1 g cm^{-3} と仮定した．τ_{stop} が回転時間より十分に短いことから，ガスとダストの運動は平衡状態にあることがわかる．すなわちダストはガスと一緒に運動する．

5.3.4 ダスト落下問題

ダストのサイズが十分に大きくなると，ガスによる抵抗が効きづらくなる．抵抗がない極限（$\tau_{\mathrm{stop}} \to \infty$）で，ダストはケプラー運動し，ガスは圧力を感じる分，ダストより少し遅く運動することになる．すなわち，ガスの回転角速度 Ω は $\Omega_{\mathrm{K}} \equiv \sqrt{GM_*/r^3}$ を使って

$$\Omega = \Omega_{\mathrm{K}}(1-\eta) \quad 0 < \eta \ll 1 \tag{5.11}$$

と書ける．速く回るダストはガスに角運動量を奪われ，遠心力を失い，内側に落ちていく．その速度・時間はおおよそ

$$u_r \sim -\eta v_{\mathrm{K}} \to t_{\mathrm{fall}} \sim r/|u_r| \sim \eta^{-1} T_{\mathrm{K}} \tag{5.12}$$

となる．$\eta \sim 0.01$ とすると 1 au にあるダストは，わずか 100 年で太陽まで落下してしまう！ これが**ダスト落下問題**として知られる難問なのである．

ところで，落下速度最大はダストがメートルサイズのときで，それより大きく

[*25] ガス・ダスト間に働く抵抗により両者が同じ速度となる時間ともいえる．

なれば抵抗が効かないことがわかっている．何らかのメカニズムが働いて[*26)]ダスト落下を回避できれば，あとはどんどん合体成長が進んで，微惑星形成に至るのである．

ダストの合体成長時間を見積もってみよう．ダスト半径 d，ダストの空間密度 ρ_d，合体確率を $S(<1)$，ダスト間の相対速度を Δu として

$$\frac{dm_\mathrm{d}}{dt} \approx S\rho_\mathrm{d}\pi d^2 \cdot \Delta u \tag{5.13}$$

が成立する．したがって成長時間は

$$\tau_\mathrm{grow} = m_\mathrm{d}\left(\frac{dm_\mathrm{d}}{dt}\right)^{-1} \approx \frac{1}{6S}\frac{\Sigma_\mathrm{g}}{\Sigma_\mathrm{d}}T_\mathrm{K} \sim \frac{40}{S}\eta_\mathrm{ice}^{-1}T_\mathrm{K} \tag{5.14}$$

となる．すなわち成長時間は d にも円盤面密度にも依存しない．ただし，ガス／ダスト比には依存する．また，r が小さいほど（$T_\mathrm{K} \propto r^{3/2}$ が短いほど）ダスト成長が速いこともわかる．

十分な量のダストが赤道面へ沈澱すると，自己重力不安定が発生する．その不安定条件[*27)]は，c_s を音速として

$$Q \cong \frac{\Omega_\mathrm{K} c_\mathrm{s}}{\pi G \Sigma} \sim \frac{\Omega_\mathrm{K}^2 H}{\pi G \Sigma} < 1 \tag{5.15}$$

と書ける．ダスト層が沈澱すると円盤の厚み $H(=c_\mathrm{s}/\Omega_\mathrm{K})$[*28)] は減少する．(5.15)式から Q も減少して 1 を下回ると重力不安定性が発生してダストの塊ができる．それが成長して km サイズの微惑星が形成される．

5.3.5 微惑星から原始惑星へ

微惑星から原始惑星コアへ成長する時間，**コア集積時間**を見積もってみよう．単位時間あたりの微惑星のコアへの衝突数は，n を微惑星の数密度，$v_\mathrm{ran}(\sim c_\mathrm{s})$ を互いに衝突する速度（ランダム速度）として $\sim n\sigma_\mathrm{col}v_\mathrm{ran}$ と書ける．原始惑星の成長率は原始惑星の質量を M，コアサイズを d として

$$\frac{dM}{dt} \approx C\rho\sigma_\mathrm{col}v_\mathrm{ran} \approx C\Sigma_\mathrm{d}\pi d^2\left(1+\frac{v_\mathrm{esc}^2}{v_\mathrm{ran}^2}\right)\Omega_\mathrm{K} \tag{5.16}$$

[*26)] 現在有力な説は，ダストは，その中にすきまがあってふわふわした構造をしており，質量の割に衝突断面積が大きいため，回避するという説である．
[*27)] トゥームレ条件ともよばれる．回転円盤における自己重力不安定条件を与える．
[*28)] 円盤の垂直面方向の静水圧平衡から $H=c_\mathrm{s}/\Omega_\mathrm{K}$（1.3.8 項（1.32）式）．原始惑星円盤の構造は，コンパクト天体周りの降着円盤（4.4.5 項）の構造と基本は同じである．

となる．ここで C は ~ 1 の定数で，括弧の中は，粒子がコアの重力に引きつけられて散乱断面積が増加する効果を表す．また微惑星質量を m として，

$$\rho \equiv mn = \Sigma_d/H \quad H \sim v_{\rm ran}/\Omega_K \tag{5.17}$$

なる関係を用いた．コア成長の時間スケールは，コア密度を $2\,{\rm g\,cm^{-3}}$，中心星質量を M_* として

$$\tau_{\rm acc} \equiv \left(\frac{1}{M}\frac{dM}{dt}\right)^{-1} \approx 2\times 10^7 \eta_{\rm ice}^{-1} f_d^{-1}\left(\frac{a}{1\,[{\rm au}]}\right)^3 \left(\frac{M}{M_\oplus}\right)^{1/3}\left(\frac{v_{\rm ran}}{v_{\rm esc}}\right)^2 \left(\frac{M_*}{M_\odot}\right)^{-1/2} [{\rm yr}] \tag{5.18}$$

となる（$M_\oplus$ は地球質量）．問題は衝突速度 $v_{\rm ran}$ である．

仮に $v_{\rm ran}$（脱出速度[*29]）とおいて $\tau_{\rm acc}$ を評価しよう．すると木星で 3×10^8 年，土星で 2×10^9 年，天王星で 2×10^{10} 年，海王星で 7×10^{10} 年となる．だがこの場合，太陽系年齢は 4.5×10^9 年なので，海王星型惑星は形成できない！　一方，円盤ガス散逸時間は $10^{6\text{-}7}$ 年であるから，より太陽に近い木星・土星すらできない！　これが，**木星型惑星の形成時間の困難**という大問題なのである．

これまでの数値計算はいったい何を示したのだろうか？　成長できないと思われたコアは，なぜ成長できたのか？　実際に計算をしてみると，微惑星の成長には2段階あることがわかった．

暴走成長　まず少しだけ大きい微惑星がほかを圧倒して成長する．

寡占成長　2番手，3番手が出てきて，同じような質量の原始惑星がほぼ等間隔に並ぶ．その後，原始惑星同士の相互作用で軌道が歪み，惑星系は「巨大衝突時代」へと移行する．

理屈は以下の通りである．衝突する微惑星は，原始惑星に比べてかなり小さい．すなわち，ガス抵抗により $v_{\rm ran} \sim v_{\rm esc}/10$ と遅くなるのである．すると，時間スケールも1〜2桁短くなる．

$$\tau_{\rm acc} \approx 1.2\times 10^5 \eta_{\rm ice}^{-1} f_d^{-1} f_g^{-2/5}\left(\frac{a}{1\,[{\rm au}]}\right)^{27/10}\left(\frac{M}{M_\oplus}\right)^{1/3}\left(\frac{M_*}{M_\odot}\right)^{-1/6}\left(\frac{m}{10^{18}\,[{\rm g}]}\right)^{2/15} [{\rm yr}] \tag{5.19}$$

これで，木星コアの形成時間は $\sim 1.5\times 10^7$ 年となり，円盤ガスが存在している間に，十分形成が可能である．土星もぎりぎり OK である．ただし，依然，海王星型惑星は太陽系年齢以内にできない．何か新しいアイデアが必要である．そ

[*29] 脱出速度は天体の質量，半径を M_*, R_* として $v_{\rm esc} = \sqrt{2GM_*/R_*}$（4.4.1項参照）．

の一つの可能性が軌道移動である．それは系外惑星の発見と共に一躍脚光を浴びている．詳細は 5.4 節で説明する．

5.3.6　木星型・海王星型惑星のガス捕獲

　木星型惑星および海王星型惑星の形成の最終段階は，岩石と氷からなるコアがガスをまとうことである．コア質量がある程度以上になると，円盤にギャップ（隙間）を形成することが知られている．それでもコアの重力に引きつけられた円盤ガスは，ギャップを越えてコアに捕獲されていくのである．

　では，多量のガスをまとうためにはどれくらいのコア質量が必要だろうか．コアを取り巻くガスエンベロープ（原始大気）は，微惑星が解放するエネルギーを熱源として暖まっており，エンベロープが静水圧平衡状態にある限りもうガスをまとうことはない．しかしコア質量がある臨界値より大きくなれば

> 円盤ガスを捕獲 ⇨ エンベロープ質量が増大 ⇨ エンベロープの自己重力増大 ⇨ エンベロープが収縮 ⇨ さらに自己重力増大 ⇨ さらに円盤ガスを獲得 ⇨ …

というポジティブフィードバックが起きて静水圧平衡が破れ，コアはどんどんガスを捕獲できる．その臨界コア質量はおおよそ $10\,M_\oplus$ である．だから木星型惑星も海王星型惑星もコア質量はともに $10\,M_\oplus$ 程度なのである．しかしコア集積は内側ほど速く進行する．海王星型惑星のコアが臨界値まで太ったとき円盤ガスはほとんど散逸していたため，天王星・海王星は大きくなれなかったのである．

5.4　系 外 惑 星

　1995 年，太陽以外の恒星の周りに惑星が発見された[*30]というニュースが飛び込んできた．それは新しい天文学研究の幕開けであった．

[*30] Mayor and Queloz (1995)．もっとも，これは「太陽系外における惑星の最初の発見」ではない．最初の発見は 1992 年で，（さらに驚くべきことに）中性子星の周りで発見されたのであった (Wolszczan and Frail, 1992)．

5.4.1 系外惑星の観測[*31]

まず系外惑星の観測方法について,概説しよう.代表的なものに,(1) ドップラー(視線速度)法,(2) トランジット法,(3) 重力レンズ法,(4) 直接撮像法などがある.

ドップラー法 惑星が引き起こす中心星の運動をドップラー偏移で観測する方法である.中心星も惑星も共通重心の周りを運動する.したがって,中心星からの光の波長を正確に求めると,それが惑星の公転周期で変動するはずである.特に円軌道の場合,三角関数になる(図5.6参照).そして,その速度変動の振幅は,中心星の質量を M_*, 惑星の質量を M_P ($\ll M_*$) として次のようになる.

$$v = \frac{M_P}{M_P + M_*} R\omega \sim \frac{M_P}{M_*}\sqrt{\frac{GM_*}{R}} \sim 10\left(\frac{M_*}{M_\odot}\right)^{-1/2}\left(\frac{M_P}{M_\oplus}\right)\left(\frac{R}{1\,[\text{au}]}\right)^{-1/2} [\text{cm s}^{-1}]$$

(5.20)

太陽と地球の場合,変動幅は $10\,\text{cm s}^{-1}$ にすぎず,視線速度の変動幅があまりに小さいことから観測が困難を極めることは容易に理解できよう.しかし特殊な波長測定テクニック[*32]が開発され,線スペクトル波長の精密測定が可能になったのである.

こうして1995年,スイスのマイヨール(M. Mayor)の研究グループにより,ペガスス座51番星の周りで惑星が見つかった.図5.7にそのカーブを示す.この解析から,質量 $0.45\,M_J$ (M_J は木星質量)の惑星が,中心星から 0.05 au とい

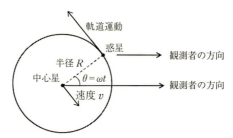

図5.6 視線速度の時間変化の説明図(観測者は軌道面上にいると仮定した)

惑星の軌道半径を R とすると回転角速度は $\omega \approx \sqrt{GM_*/R^3}$, 中心星の共通重心からの距離は $R(M_P/M_*)$ なので,中心星の運動の視線速度(観測者から遠ざかる方向を正とする)は, $R(M_P/M_*)\omega \sin(\omega t)$ となる.

[*31] 本項の記述について,詳細は田村(2015)を参照されたい.
[*32] ヨードセル法とよばれる.詳細は専門書(たとえば田村(2015))を参照されたい.

5.4 系外惑星

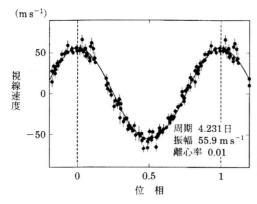

図 5.7 ペガスス座 51 番星の視線速度変化（渡部ほか編『太陽系と惑星』図 7.1，原図は Mayor and Queloz (1995)）

う近距離を周期 4.2 日で公転していることがわかった．ちなみに，太陽・水星間の距離は 0.4 au である．水星よりも太陽に近い軌道を，木星のような大型惑星が 4 日周期で回っているのである．

このような惑星は，現在**ホットジュピター**とよばれている．太陽系にはみられないタイプの惑星であったことに，研究者は驚いた．だがその後の研究により，ホットジュピターは決してまれでないことがわかってきた．ホットネプチューンとよばれ，主星近傍を回る海王星型惑星さえも今では知られている．

ドップラー法のメリットは，ケプラーの法則を使えば観測の視線速度の変動曲線から惑星の質量に関する情報が得られることである．ただし，あくまでも測定量は速度の「視線方向成分」であるから，公転面の回転軸と視線方向のなす角度（軌道面傾斜角）を i として，$\sin i$ の不定性が出てきてしまうことには注意しよう．すなわち求まるのは惑星質量を M_P とした $M_P \sin i$ である[33]．

ところで，惑星が中心星に近いほど，また惑星質量が大きいほど，速度の変動幅は大きくなるので，惑星を検出しやすいことになる．最初にホットジュピターが見つかったのは，今から思えば当然のことなのである．しかし当時，ホットジュピターの存在は知られていなかった．ある意味，冒険的な（そして幸運な）観測であったのだ[34]．その後，続々とモニター観測がなされ，この方法で多数の

---

[33] 中心星の質量はそのスペクトル型等の観測から既知であることが前提．
[34] それでも熱意をもって観測プロジェクトを実行した末の大成功であった．「はなからダメと先入観で決めつけるな」「実行しなければ何も得られない」．じつに教訓的である（1.2.5 項コラム C セレンディピティも参照のこと）．

惑星系が見つかっている.

トランジット法　惑星が中心星の前面を通過する（トランジット[*35]）するときの中心星光度の減少（減光）を検出する方法である（図5.8がその実例）.

このような減光が周期的に起こることで, トランジットしていると確認できる. 1回限りの恒星の変光現象を排除するためである.

減光量は隠す天体の面積に比例する. たとえば（太陽系からずっと遠方の観測者からみて）, 太陽面を木星が通過すると1%, 地球の場合は0.01%の減光を引き起こす. これから惑星半径がわかる[*36].

さて, ドップラー法では軌道傾斜角がわからないことが難点であった. トランジット法では, それにある程度の制限がつく. 軌道運動をほぼ真横から見ていない限りトランジットは起こらないからである. そこで, トランジット法とドップラー法を組み合わせることにより惑星質量とサイズ, そこから平均密度が決まる. 平均密度が決まると, 岩石惑星かガス惑星かもわかる. 複数の観測手段があることは, 物理量を引き出す上で本質なのだ.

トランジット法は, 恒星の光度を定期的にモニターするケプラー衛星の登場により, 最もパワフルな方法となった. そして候補も含めて, 系外惑星の数は数千個となったのである.

重力マイクロレンズ法　光の行路は重力場により, 重力ポテンシャルの深い方向に曲げられる（図5.9）. したがってどんな天体でも, まさに虫眼鏡のよう

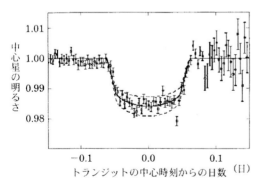

図5.8　トランジットによる光度変化（渡部ほか編『太陽系と惑星』図7.2 Charbonneau *et al.* (2000)）

[*35]　日本語直訳は「通過」. 天体が天体の前を通って大きく隠すときには食（または蝕, 英語で"eclipse"）, 隠し方が小さいと掩蔽（英語で"occultation"）という.

[*36]　ここで「惑星は低温でほとんど光らない」ことが仮定されている.

5.4 系外惑星

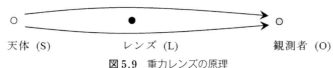

図 5.9 重力レンズの原理
遠方から来た光は途中にある天体の重力により曲げられ，集められる．

に背後からの光を集めることができるのだ（マイクロレンズ現象）．その恒星に惑星が付随していると，ゆるやかな増光曲線の上に鋭いスパイク状の増光が乗っかるのだ．図 5.10 がその典型例である．

この方法は 1 回限りの現象のため，確認が困難であるというデメリットがある．しかし特別なメリットもある．重力レンズの公式をもとに，具体的にどの範囲の光が増幅されるかを計算してみよう．結果を記すと，それはアインシュタイン・リング半径 $\theta_\oplus$ を用いて

$$D\theta_\oplus = \sqrt{\frac{4GM_{\rm lens}D}{c^2}} \approx 1.5\times 10^{13}\left(\frac{M_{\rm lens}}{M_\odot}\right)^{\frac{1}{2}}\left(\frac{D}{100\,[{\rm pc}]}\right)^{-\frac{1}{2}}[{\rm cm}] \quad (5.21)$$

となる．ここで D は主星・惑星までの距離，$M_{\rm lens}$ はレンズ天体（通常，普通の星）の質量である．中心星から離れた位置（~1 au）に感度があるというメリットがあることから注目されている．

直接撮像法　　最後に直接，惑星からの光をとらえる試みについて触れておこう．直接撮像の 3 条件は，高感度（暗い惑星を検出するため），高解像度（主星のすぐ近くにある惑星を見分けるため），高コントラスト（暗い惑星が，明るい主星の光にうもれてしまわないため）である．これらは，大口径望遠鏡とコロナグラフ（中心星からの強い光をブロックする手法で太陽コロナの観測に用いられている）により，近年ようやく可能になった方法である．さらに，惑星は中心星

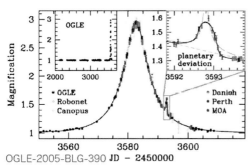

図 5.10 マイクロレンズ光度曲線
(Beaulieu *et al.*, 2006)

より数桁暗いので，高いコントラスト（濃淡の比）や，高感度，高解像度の観測が必要となる[*37]．現在，20を超える数の惑星からの光が直接とらえられている．

5.4.2 系外惑星の性質

今や，世界各地で惑星探査プロジェクトが進んでおり，系外惑星の数は年々増えている．2019年1月時点で発見・確認された系外惑星数はおおよそ4000惑星（3000惑星系，650多重惑星系）である[*38]．これだけの数がそろうと統計的な議論が始まる．現在までの知見を列挙しよう．

1) 質量：地球質量以下から木星質量の～30倍まで広く分布する．
2) 軌道長半径：0.01～数十au（周期にして1日以下から百年超まで）広く分布する．
3) 軌道離心率：0.0（真円）から0.9までこれまた幅広く分布する．
4) 中心星の金属量：金属量が多い（[Fe/H]＞+0.2）恒星で巨大惑星が見つかる確率が高くなる．これは，金属量が多い環境ほど固体材料が多く惑星ができやすいとするコア集積モデルを支持する傾向である．
5) 単独星のみならず，連星系の周りにも惑星が見つかっている．

このほかにも系外惑星には興味深い傾向や特徴がみられるが，本書では割愛する．次項では形成論に話を進める．

5.4.3 系外惑星の形成

5.3.1項で述べた太陽系形成に関する京都モデルはかなりの成功を納めた形成シナリオということがいえる．しかし系外惑星の発見により，太陽系形成モデルの適用限界が見えてきたのである．以下では，系外惑星の発見後に出されたモデルや太陽系形成モデルの拡張について紹介しよう．

軌道移動モデル　　ホットジュピターを説明するために導入されたのが，軌道移動モデル[*39]である．原始惑星が形成された後，何らかの理由で軌道半径が変

[*37] 補償光学（英語で"adaptive optics"，略してAO）が必要となる．これは，大気ゆらぎによる像の歪みをカメラでモニターして瞬時に修正する技術である．
[*38] exoplanet.euに最新統計量が出ているので参照されたい．
[*39] 英語で"migration"．「渡り」鳥や「移住」の意味で使われる用語である．

化するというアイデアである．原始惑星系円盤と惑星が重力相互作用する結果，両者間で角運動量のやりとりが起こる．角運動量が変化すると遠心力も変化し，軌道半径が変化する．2種の軌道移動が考えられている．

タイプ1軌道移動は，惑星が軽いケース（月質量から $10\,M_\oplus$ まで）に起こるとされる．これは，惑星と円盤との相互作用で円盤に密度波がたち，角運動量を交換することにより，惑星移動が起こるものである．

タイプ2軌道移動は，惑星が重いケース（$10\sim100\,M_\oplus$）に起こる．惑星が重いと，惑星は円盤にギャップをあけ，円盤ガスの降着に伴いギャップも惑星も落下する（図5.11）．軌道移動はガス円盤の内縁で止まる．そこではもはや角運動量のやりとりが起こらないためである．

タイプ1軌道移動の時間はおおよそ

$$\tau_{\mathrm{mig}} \approx 5\times 10^4 f_{\mathrm{g}}^{-1} \left(\frac{M}{M_\oplus}\right)^{-1}\left(\frac{a}{1\,[\mathrm{au}]}\right)^{3.2} [\mathrm{yr}] \tag{5.22}$$

で与えられる．地球（1 au にある $1\,M_\oplus$ 惑星）も木星コア（5 au にある $10\,M_\oplus$ 惑星）も共に $\tau_{\mathrm{mig}}\sim 5$ 万年という短時間で落ちてしまう．**惑星落下問題**という問題である．この問題はいまだ解決していない．

軌道不安定モデル　エクセントリック・プラネット，すなわち軌道離心率が大きな惑星の起源はどう考えたらよいだろうか？

有力な説として，軌道不安定モデルが提唱されている．惑星軌道を真円からずらすには重力摂動が必要である．その元としては，ガス円盤や連星系の伴星，ほかの惑星などが考えられる．軌道不安定モデルとは，惑星系の軌道が，相互重力の影響で歪み交差して互いに散乱するというモデルである．巨大惑星が2惑星の場合，ある程度離れていれば軌道不安定は回避できる．しかし3惑星の場合は，必ず軌道不安定が起こることがシミュレーション研究でわかっている．だから太

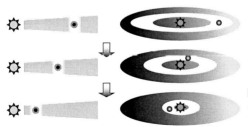

図5.11　タイプ2惑星移動の模式図（井田『系外惑星』図2.1）

陽系で巨大惑星は2つ（木星と土星）というのが重要な意味をもつ．

円盤質量の増減　太陽系形成についての京都モデルでは，太陽系惑星の岩石コアを再現するのに最低の円盤質量をとるという仮定があった（5.3.2項）．系外惑星形成論においては，円盤質量を自由に選ぶことができる．円盤質量を増減すると，どういう惑星系ができると予想されるであろうか．

まず，円盤質量が十分大きいときを考えよう（図5.12）．円盤質量が増えると，惑星コアの原料であるダスト量も増える．コア質量が増えると，水素やヘリウムの大気をまとう惑星・巨大ガス惑星が氷線の内側にもできるようになる．それが軌道移動すれば，ホットジュピターになる．巨大惑星がたくさんできると，そのような惑星系はあまり安定とはいえないので，エクセントリック・プラネットとなる可能性が高い．

逆に円盤質量が十分小さいとどうなるか．コア質量が減少すると分厚い大気の層を保てなくなる．すなわち，氷線の外側にも地球サイズ程度の氷惑星が多数を占める惑星系ができる．

もっとも，これはあまりにも単純化したシナリオであり，まだまだ検討課題は多い．日進月歩の研究領域といえる．

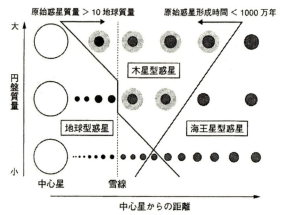

図5.12　原始惑星系円盤の質量と惑星系（小久保・嶺重編『宇宙と生命の起源2』第7章扉）

Chapter 6

銀河系と系外銀河

われわれの住む地球を含む太陽系は，多数の恒星やガスが集まる天の川銀河の一員である．宇宙にはそのような恒星とガスの大集団である（系外）銀河が無数に存在している．銀河はどのような構造をし，中にはどのような「もの」があるのか，銀河は宇宙進化の中でどのように生まれ，成長し，今の姿になったのか，研究者の関心が向かっている．

本章では，まずわれわれの銀河系（天の川銀河）を取り上げ，その構造や，中にどのようなものがあるのかについて述べる（6.1節）．次いでそれ以外の銀河（系外銀河）を取り上げ，その分類や観測的特徴を解説する（6.2節）．それらをふまえて銀河の構造や活動性（銀河衝突，爆発的星形成活動，超巨大ブラックホール）について説明する（6.3節）．最後に銀河の集合体である銀河団について触れる（6.4節）．

6.1 銀河系とは

多様な銀河を論じる前に，この節ではわれわれが所属する銀河系（天の川銀河）に焦点を絞り，銀河という天体についてイメージをつかもう．銀河系の中にはどのようなもの（天体）があるのだろうか．

6.1.1 天の川と天の川銀河

昔から親しまれている天の川は，ぼんやりとした光の帯である（図6.1）．肉眼でははっきり見えないが，望遠鏡で見ると無数にある，暗い恒星の光の寄せ集めであることがわかる．天の川とは，おおよそ2000億個の恒星からなる，直径

図 6.1 南半球からみた天の川(撮影:福島英雄)[口絵2参照]
天の川は南半球からよく見える.星の出す淡い光と共に,黒い雲(暗黒星雲)が特徴的である.最も目立つものは「石炭袋」とよばれ,宮沢賢治の『銀河鉄道の夜』にも登場する.

30 kpc(10万光年)の巨大な天体,**天の川銀河**[*1](**銀河系**)を横から見たものなのである.恒星は主に円盤状に分布しているため,それを円盤面の内側から見ると線状に見えるのだ.まるで川の流れのように見えるので「天の川」とよばれる.

望遠鏡や双眼鏡でよく見ると,光の帯の中の随所に光を出していない暗い筋模様があるのがわかる.これは暗黒星雲(星間雲の一つ)とよばれるガスやちりの集まりであり,背後の光を吸収しているため暗く見える.明るい星と暗い星雲の組み合わせが,天の川銀河も含め,渦巻き銀河を特徴づける姿である.

6.1.2 いろいろな波長でみた銀河系

現代天文学の特徴の一つは,電波から γ 線まで,多波長にわたる観測が可能になったことである.天の川をいろいろな波長でみることで,それぞれに少しず

[*1] 英語で "The Milky Way Galaxy" あるいは "Our Galaxy" とか "The Galaxy" ともいう.なお "galaxy" と小文字で書くと系外銀河("external galaxy")の意味になるので注意.

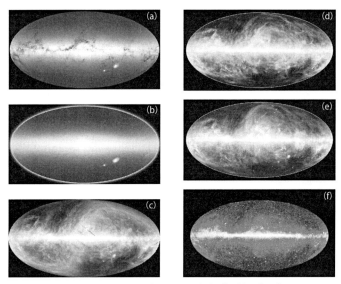

図 6.2 いろいろな波長で見た宇宙［口絵 3 参照］
(a) 可視光（ESA/Gaia 衛星），(b) 赤外線（波長 $2\,\mu$m，NASA/2 MASS），(c) 赤外線（波長 90，140 μm を合成，JAXA あかり衛星），(d) 中性水素の電波（波長 21 cm，NASA），(e) 電波（周波数 30～857 GHz，ESA/PLACK），(f) γ 線（NASA/Fermi 衛星）．

つ異なる様相が見えてくる（図 6.2）．

図 6.2 の (a)～(f) は，ちょうど世界地図のように全立体角の画像を 2 次元に引き延ばした図である．真ん中左右に延びる軸が，多数の恒星が集まる**円盤部**である．そして可視光で見ると，この円盤部が明るく見えるのである．特に**銀河中心**が明るい．そこには恒星が密集していることがわかる．

赤外線・電波という長波長の電磁波でみると冷たい部分，すなわち，恒星が生まれる現場である暗黒星雲の中がよくみえてくる．それは低温（数十 K）のガスやダスト（固体微粒子）の集まりである．一方，X 線や γ 線という波長の短い電磁波でみると，高エネルギー放射をする高温ガス雲や中性子星やブラックホールといった高密度天体がよくみえてくる．これらの天体も天の川銀河の中に多く分布している．したがって可視光線以外の電磁波でみても，やはり天の川は明るくみえる．いずれニュートリノや高エネルギー粒子（宇宙線）を用いた観測も進んで，ここにあげた画像と同様な画像を得ることができるであろう．

6.1.3 銀河系の形

　天の川銀河を上からみると，どういう形をしているのだろうか．銀河中心やその向こう側にある恒星から出た可視光線は，途中で吸収されて地球まで届かない．したがって天の川銀河全体を見通すには，星間物質にあまり吸収されない電磁波（たとえば電波・赤外線の一部，X線）で観測する必要があり，天の川銀河の真の姿を明らかにするには，20世紀後半の多波長天文学の発展まで待つ必要があった．

　こうして明らかにされた姿は何本もの渦巻き構造であった[*2)]．このような銀河を**渦巻き銀河**とよぶ．その代表例 M51 を図 6.3 に示そう．天の川銀河も，宇宙船で飛び立って遠くからみればこのように見えるはずである．

　図 6.3 の画面中心から，恒星の光や暗黒星雲が渦を巻いていることがわかる．中心部は円形に恒星が密集している．恒星は一つ一つ，点として分解できないので，点の集まりではなく，中心部全体が一様に明るく光っているように見える．その周りを，黒い筋の暗黒星雲が外に伸び，それに沿って，恒星や大質量星の光を受けてピンク色に発光している電離水素ガスも分布している．この渦巻きの暗黒星雲は，渦状に伸びた腕という意味で渦状腕とよばれ，それに沿って恒星が生まれている．

図 6.3 上から見た渦巻き銀河 M51（NASA/ハッブル宇宙望遠鏡）［口絵4参照］

[*2)] 正確には棒渦巻き銀河（渦巻きの中に棒構造がある銀河）である（6.2節参照）．

6.1.4 銀河系の全体構造

銀河系は，バルジやハローなど球状に広がった古い部分と，円盤部とよばれる円盤の形をした新しい部分からなる（図6.4および表6.1参照）．バルジ，ハローには**球状星団**[*3)]が分布する．バルジの恒星をHR図に描き入れると，大質量星はすでに赤色巨星に進化しており，主系列星の位置にはいない．恒星の進化具合から星団の年齢を測ってみると，銀河形成初期にできたことがわかる．

また電波観測から，バルジ領域には星間ガスがあまり存在しないこともわかっている．だから新しい恒星はほとんど生まれない．そのことと，年老いた恒星が多いということとはつじつまが合う．さらに，昔にできた恒星だから，鉄（Fe）やカルシウム（Ca）などの重元素量も少ないはずである．輪廻を繰り返していないから重元素が少ないのである．実際，観測から重元素に乏しい恒星であることもわかっており，一般に**種族 II の星**[*4)]とよばれる．太陽など比較的重元素量の多い恒星は，**種族 I の星**である．

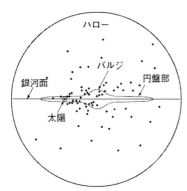

図 6.4 銀河系を横（銀河面方向）から見た概念図
左右に細長く伸びるのが円盤部で，その中心部はふくらんでいてバルジとよばれる．全体を球状のハローがとり囲む．球状星団（図の黒い小さな点）はバルジやハローに分布する．

表 6.1 銀河系の構造（パーツ）

名　称	形状と特徴	恒星の種族
円盤部	厚みが薄い円盤形状．上からみると渦巻き模様が見えるはず．	種族 I
バルジ	円盤部の中心部が球状にふくらむ．	種族 II
ハロー	円盤部全体を覆う球状の形状．	種族 II

[*3)]　英語で"globular cluster"（単に星団の場合は"stellar cluster"）．
[*4)]　3.1.3項の2)を参照．

バルジの中心を銀河中心とよぶ．この銀河中心は，バルジの中でも例外的に恒星やガスが密集しているため，可視光線では全く見通すことができない．だから長年謎の存在であった．しかし，中心まで見通すことのできる電波，赤外線，X線による観測が進むにつれ，多数の超新星残骸や，一つの巨大ブラックホールがあるらしいということがわかってきた．超新星残骸がたくさん見つかるということは，超新星爆発を起こすような大質量星がたくさんつくられたことを意味する．銀河中心はとても活動的な場所なのである．

天の川銀河全体をとりまくように，ハローという部分が球状に広がっている．半径は数十万光年で，ここにも非常に年老いた恒星が分布している．一方，円盤部は今も星形成している部分であり，**散開星団**[*5]が存在する．太陽は，銀河系の中心から約 8.5 kpc（2万5000光年）の距離を，速度およそ 220 km/s で回転している．一周におおよそ2億年かかる．

以下，6.1.5項と6.1.6項ではこれら銀河系の中に存在する天体について説明しよう（表 6.2 参照）．なお，直接見えないブラックホールとダークマター（暗黒物質）については，それぞれ 6.2.5 項と 6.2.6 項で解説する．

表 6.2　銀河系を構成するもの

名　称	特　徴
散開星団	比較的若い恒星（種族 I の星）が数百個集まったもの．決まった形をもたない．
球状星団	年老いた恒星（種族 II の星）が球状に数万〜数百万個集まったもの．中心にいくほど星密度は高くなる．
星雲（暗黒星雲など）	星間空間を漂う水素・ヘリウム主体のガスとダストの集合体．さまざまな形態のものがある（表 6.4）．
巨大ブラックホール	太陽質量の 〜400万倍の質量をもつブラックホール．いて座の強い電波源「いて座 A*」として観測．
ダークマター	電磁波は出さないが重力を及ぼす正体不明の物質．

[*5]　英語で"open cluster"．

6.1.5 銀河系にあるもの：星団

散開星団 恒星は分子雲の中で，しばしば集団で生まれる．すると恒星が多数集まっているところが銀河系内の随所にできる．そのような中で比較的若い恒星の集まりが散開星団で，銀河円盤部に分布する．決まった形をもたないためそうよばれる．

散開星団の代表格が，おうし座にある「すばる」である（図 6.5）．プレアデス星団ともよばれる．星々は青白く光っており，大質量星であることがわかる．「すばる」という名称は，日本人には古くから親しまれてきたことばの一つであり，日本がハワイのマウナケア山頂に建設した口径 8.2 m の望遠鏡の名称にもなっている．

図 6.5 散開星団 M45 すばる（NAOJ）

球状星団 星団の中でも，数万個から 100 万個もの恒星が，直径数光年という狭いところに丸くまとまっているのが球状星団である（図 6.6）．散開星団とは対照的に，主として銀河のバルジやハローに分布している．

この球状星団の中にある恒星は，今から 100 億年以上も昔，天の川銀河が誕生した頃に生まれた恒星だといわれている．その証拠に，球状星団の中の恒星の重元素量を調べると，太陽よりずっと少ないのである．中には 1/100 以下の重元素量しかない恒星さえ見つかっている．すなわち，比較的宇宙初期にできた種族 II の星ということになる．また，寿命の短い大質量星がほとんどないことも年老いた天体であることと符合する．しかし，どうして古い恒星がまとまっているのか，その成因はまだよくわかっていない．

図 6.6 球状星団 M80（NASA/ハッブル宇宙望遠鏡）
小質量の赤や黄色の恒星が多く見える．

図 6.6 は球状星団 M80 のハッブル画像である．中心には極めて明るい部分があり，恒星が密集していることがわかる．中心から外に向かっていくほど恒星の数は減っていく．

6.1.6 銀河系にあるもの：星間ガス

a. 星間ガスとは

天の川銀河の円盤部は，直径がおおよそ 20 万光年の円盤形状をしている．その中に恒星がおおよそ数千億個あるので，もし恒星が一様に分布しているとすると，恒星と恒星との平均間隔はおおよそ 10 光年と計算できる[*6]．恒星の半径は，たとえば太陽の場合は 70 万 km（〜2.3 光秒）なので，平均間隔のおおよそ 1 億分の 1 である．銀河には恒星がたくさんあるといっても，びっしり詰まっているのではなく，間はすかすかであることがわかる．

その恒星間の空間は真空ではなくて，希薄なガスやダストが存在している．ガスは水素（H）が主成分で，ヘリウム（He）とほんの少しの重元素も混じっている．こうしたガスを星間ガスとよぶが，そのおかれた物理状況により異なる形態をもつことが知られている（表 6.3）．観測する波長により，見えてくる星雲も異なることに注意されたい．多波長観測が本質となるゆえんである．

[*6] 太陽に一番近い恒星，プロキシマ・ケンタウリまでの距離は 4.2 光年．

表6.3 さまざまな星間ガス

	温 度 (K)	数密度 (個/cc)	主な観測波長	主な構成物質
高温ガス	$\sim 10^6$	~ 0.01	軟X線	高階電離プラズマ
HII領域	$\sim 10^4$	$0.1 \sim 1$	可視〜紫外	電離水素
HI領域	$50 \sim 10^2$	$1 \sim 10$	21 cm電波	中性水素
分子雲	$10 \sim 30$	10^{3-5}	電波	H_2, CO, NH_3, CSなどの分子

b. さまざまな星雲

天の川銀河の中には,ガスやダストが集まっているところが渦状腕に沿ってあり,星間雲とよばれている.可視光線で黒く見えるので暗黒星雲ともよばれる.これとは別に,明るく輝く散光星雲というのもある.これは大質量星からの強い光で水素ガスが電離したり反射したりして光っているものである.ほかにもいろいろな星雲がある.暗黒星雲,散光星雲を含めてその代表例を表6.4にまとめておいた.

ここで**星間赤化**[*7)]について簡単に触れておこう.星間ダストは波長の短い波を選択的に吸収散乱することが知られている.すなわち,星間空間を旅した光の色は「赤く」なるのである.この現象を星間赤化といい,そしてこれは,夕日が赤くみえるのと同じ現象である.したがって,真の天体の「色」を観測から求め

表6.4 さまざまな星雲

星雲	特徴
暗黒星雲	可視光線で暗く見える星間雲.この中で恒星が生まれる.
散光星雲	大質量星に照らされて可視光線で明るく光るガス雲.
惑星状星雲	中小質量星の進化の最期にできるガス雲.白色矮星に照らされ,その周りのガス雲が明るく光る(3.3.1項参照).
超新星残骸	大質量星の進化の最期に起こる超新星爆発のあと,高温ガスからなり,X線で明るく見える(3.3.2項参照).

[*7)] 英語で"interstellar reddening"ないしは"(interstellar) extinction"ともいう.1.2.4項参照.

るときには，星間赤化の分を正確に差し引かないといけない[*8]．もっとも星間赤化の量から天体までに存在する星間ダスト量，ひいては天体までの距離を推定できる場合もあるので，悪いことだけではない．

c. 複雑な星間分子の生成

このように元素自体は恒星の中や超新星爆発の際につくられるのだが，それだけではわれわれの体はできない．では，われわれの体を形づくるタンパク質をはじめとする有機分子はどこでつくられたのだろうか．

宇宙の電波観測により，それまで宇宙にはないと思われていた有機分子が続々と星間ガスの中から見つかってきた．さすがにまだタンパク質は見つかっていないが，それだけの有機分子があると，タンパク質をつくる部品であるアミノ酸が近い将来星間ガスの中から見つかるかもしれない．なお，アミノ酸は宇宙空間の中で，正確には星間雲の中で形成することが十分可能だといわれており，隕石の中からはすでに見つかっている．現在，世界中の天文学者がアミノ酸が発する電波をとらえるべく，星間ガスの中を探し求めているのである．

6.2 系外銀河

宇宙には，銀河系の外にも星とガスの大集団が多数あり，系外銀河[*9]とよばれる．銀河系と関連づけながら，その特徴をみていこう．

6.2.1 系外銀河の発見

20世紀初頭，「島宇宙論争」とよばれる論争があった．アンドロメダなどの渦巻き星雲は系内天体か系外天体（島宇宙）か，という論争である．

どういう意味かと怪訝（けげん）に思う読者もいるかもしれない．しかしこの論争は，天体までの距離測定が難しいことを反映している[*10]．アンドロメダ星雲の形や像の拡がりはすぐわかる．しかし，それは近くにある小スケールの天体なのか，遠くにある大スケールの天体なのか，判別が難しいのである．

[*8] フィルターを使って複数の色の光強度を測定し，比較することにより，真の星の色と星間赤化の効果を分離することができる．これを「色補正」という．
[*9] 日本語で単に「銀河」というと「系列銀河」の意味になる．
[*10] 6.2.4項に距離計測のしかたをまとめておいた．

その昔,天体は,恒星や惑星などの点源と,星雲とよばれる拡がった天体とに大別されていた.つまり後者には,今でいう銀河系内天体(星団や星雲)と系外天体(銀河)が混じっていたのだ.そのため有名なメシエ番号がつけられたとき,両者は区別できておらず,メシエカタログには,オリオン星雲(M42),球状星団(M13),かに星雲(M1)などの系内星雲や星団も,アンドロメダ銀河(M31)などの系外銀河も,両方混じっているのである[*11)].

島宇宙論争に話を戻そう.1920年4月に,系内天体派のシャープレー(H. Shapley)と系外天体派(島宇宙派)のカーチス(H. D. Curtis)が対決した.議論は平行線をたどった.しかし,1924年にハッブル(E. Hubble)がアンドロメダ星雲など,中の星を分解することにより,系外天体,すなわち島宇宙であることが確立した[*12)].こうして人類が把握できた宇宙の拡がりが,一挙にスケールを増したのだ.

6.2.2 銀河の分類

銀河をその形態で分類しよう.銀河は,**楕円銀河**(E) – レンズ銀河(S0) – 渦巻き銀河(S)あるいは棒渦巻き銀河(SB)という系列をもつ.このほかに不規則銀河(Ir)というのもある.

さてハッブルは,図6.7の系列は銀河の進化の経路だと考えた(ちょうどHR図上での恒星の2次元分類が,恒星の進化経路と密接に関連しているように).そこで,楕円体の楕円銀河は早期型,渦巻き銀河とその中心に棒構造がある棒渦

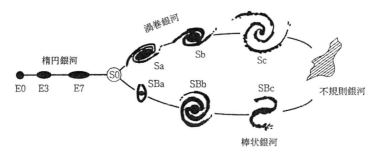

図6.7 ハッブルの形態分類(高原『宇宙物理学』図5.1,原図はハッブルによる)

[*11)] NGC(New General Catalogue)のNGC番号でも同じである.
[*12)] スケールが異なっても見かけ上,似たような天体が存在することは重力が遠隔力であることの反映である.重力は距離が離れても同様に働くからだ.

巻き銀河は晩期型とよばれることがある．が，今ではこの「進化」に関する考え方は正しくないことが知られている[*13]．

　形態の異なる銀河は，その物理状態も大きく異なることが現在知られている（表6.5）．たとえば，渦巻き銀河や棒渦巻き銀河の渦（渦状腕）には恒星をつくる材料となる星間ガスが多く含まれ，今も活発な星生成活動をしている．楕円銀河は対照的にガスが少なく，数十億年昔に活発な星形成をした後，今はおとなしくなっている．不規則銀河は一般に小さくてガスをたくさん含んでおり，やはり活発に恒星をつくっている．こうした特徴は，銀河の形成や進化と密接に関連しているはずである．

表6.5　銀河の種類と活動性

銀河の種類	回転運動	ガス成分	星形成活動
渦巻き銀河，棒渦巻き銀河	銀河回転あり	銀河面に多量にあり	銀河面で活発，バルジ部分は不活発
楕円銀河	ランダム運動	ほとんどなし	昔は活発で，今は不活発
不規則銀河	ランダム運動	多量にあり	活発

　各タイプの銀河は，それぞれ宇宙にどれくらいの割合で存在しているのだろうか？　おおざっぱにいって，銀河系近傍では楕円銀河とS0銀河が合わせて3割，残りが円盤銀河である．しかし，銀河団（6.4節）の中ではその比率が逆転する．銀河団は高温の**銀河間ガス**で満たされており，円盤銀河が銀河団の中を運動するとき，銀河中のガスが銀河間ガスにぶつかり，はぎとられてしまったと考えられている．

6.2.3　系外銀河の各論

前項の分類にしたがってそれぞれの特徴をやや詳しくみていこう．

渦巻き銀河と棒渦巻き銀河　バルジと円盤の相対的比率で，バルジが大から小へSa, Sb, Scに細分化される．また同じ順で腕の巻き具合もゆるやかになる．構造は銀河系と同じく，バルジとよばれる球形構造と円盤部からなる（6.1.

[*13] 晩期型銀河を2つぶつけると早期型銀河になり，晩期型銀河からガスを抜き取るとやはり早期型銀河になることがわかっている（だから銀河団中には早期型銀河が多い）．だからといって「進化は逆向き」ともいいきれない．

4項).円盤部に渦巻き模様があるのも同じである.円盤部や渦巻きの腕の部分にはガスや星間ダストがある.中心に棒（バー）があるものもある（図6.8）.銀河系と同じく，円盤部の恒星は中心の周りを一定方向に回転運動している.

最近，バルジの大きさ（質量や速度分散）と銀河の中心にある巨大ブラックホールの質量の間に相関があることがわかった.これは銀河形成とブラックホール成長との関わりを示す極めて重要な関係である（6.3.5項で詳述）.

図6.8 典型的な棒渦巻き銀河 NGC1300（NASA/ハッブル宇宙望遠鏡）
中心に明るいバー（棒）が見える.バーからは2本の腕（渦模様）が外向きに伸びる.バーや渦の中心には，暗黒星雲の黒い筋が見える.

楕円銀河 形態により，E0〜E7に細分化される（図6.7）.大は銀河系の〜5倍から（M87），小は銀河系の1/1000まで大きな幅がある.ガスや星間ダストがほとんどない.銀河が形成された昔，爆発的星形成をしてガスを消費したと考えられている.なお，楕円銀河の中の恒星の運動は決まった方向をもっていない.各星は，軌道角運動量ベクトルがてんでばらばらな方向を向いたランダム運動をしているのである.

楕円銀河の中心にも巨大ブラックホールがあることが知られている.そしてその質量は，おおよそ楕円銀河全体の大きさ（速度分散）と相関がある.たとえば，巨人楕円銀河 M87 中心には，超巨大なブラックホール（質量数十億 $M_\odot$）をもつ.この相関は，先に述べた円盤銀河のバルジと巨大ブラックホールとの相関を延長したところにある.

不規則銀河 最後に，やや小ぶりで渦巻きや中心核がはっきりしない不規則

銀河をあげよう．銀河系の伴銀河[*14)]である大マゼラン雲，小マゼラン雲がその好例である．ガスを含み，星形成活動が活発である．また，楕円銀河と同じく，不規則銀河の中の恒星の運動は決まった方向をもっていない．

6.2.4 銀河までの距離

銀河（天体）までの距離の測定は，さまざまな方法を組み合わせて行う．「距離のはしご」を順にのぼっていくがごとしである（表6.6）．しかし，なぜ複数の方法が必要なのだろうか？　それは，最も正確な三角測量が適用できる天体は近傍のものに限られており，一方，長距離天体に適用できる方法は経験則が多く，より正確な方法によって較正する必要があるからである．こうして三角測量が適用できる近傍から遠方へ，何段階もステップを踏んで較正を重ねながら最後のハッブル–ルメートルの法則（遠方の銀河ほどわれわれから高速で遠ざかっていくという法則）を用いた測定法までもっていくというのが，標準的な方法である．

三角測量法（年周視差を用いる方法）　　異なる2地点をベースとして天体までの方向（角度）を精密測定し，三角形の頂点にある天体までの距離を求める方法である．ベースとしては地球の公転運動に伴う位置変化を用いることが多い．

表6.6　主な距離測定法

方　法	説　明	適用範囲
三角測量（年周視差）	地球の公転運動に伴う天体の位置の変化から三角測量の手法で距離を求める．	0～1 kpc
恒星スペクトル（分光視差）を用いる方法	恒星の分光観測からHR図を使って絶対光度を推定し，見かけの光度と比較する．	3 pc～3 kpc
セファイド型変光星を用いる方法	変光周期から絶対光度を出し，見かけの光度と比較する．	100 pc～10 Mpc
標準光源（Ia型超新星など）を用いる方法	光度が一定していると考えられる天体の見かけの光度を測定して，距離を出す．	1 Mpc～1 Gpc
ハッブル–ルメートルの法則を用いる方法	銀河の後退速度 (v) と距離 (d) との間の比例関係 ($v = H_0 d$) から求める．	10 Mpc～10 Gpc

---

[*14)]　英語で"companion"（連星系の伴星と同じ単語）．中心銀河の重力ポテンシャルに束縛され，その周りを回る銀河をいう．

6.2 系外銀河

日本各地4カ所に設置した電波望遠鏡によるVERAプロジェクト[15]は，この方法を用いて銀河系の回転や構造を明らかにした（1.2.1項コラムA：パーセク（pc）とはも参照）．

恒星スペクトル（分光視差）を用いる方法　恒星を分光観測するとスペクトル型と光度階級がわかる[16]．それをHR図と比較することにより，その恒星の絶対光度がわかるのだ．見かけの等級と絶対等級を比較することにより[17]距離が求まる．近傍銀河の距離測定に歴史的によく用いられている方法である．

セファイド型変光星[18]を用いる方法　近傍銀河などの距離の測定には，その中にあるセファイド型変光星を用いる．セファイド型変光星は絶対光度と変光周期の間にきれいな相関（周期光度関係[19]）を示すことが知られている．この関係を用いると変光周期の観測から絶対光度（等級）がわかり，見かけの光度（等級）との差から距離が求められる．セファイド型変光星は絶対光度が大きいことから，比較的遠方でもよく見えるので，これはとてもパワフルな方法である．

標準光源を用いる方法　セファイド型変光星は概して明るいというものの限度がある．それがよく見えない遠方銀河の距離測定には，さらに明るい，光度がほぼ一定とみなせる天体（**標準光源**[20]とよばれる）を用いる．標準光源としては，①巨大電離水素（HII）領域，②球状星団，③新星，超新星などが用いられる．特にIa型超新星[21]は極めて明るく，宇宙論的遠方の天体までの距離も測定できることから，標準光度として安定した力をもっている．

ハッブル–ルメートルの法則による方法　ルメートルとハッブルは独立に，宇宙論的遠方にある銀河までの距離とその後退速度の間に，$v=H_0 d$ なる関係があることを見出した．この関係を用いて距離を求めることができる．ハッブル定数とよばれる比例係数 H_0 は，おおよそ $H_0 \sim 70$ km/s/Mpc と見積もられている（7.1.1項で詳述）．

---

[15] VERAは"VLBI Exploration of Radio Astrometry"の略称．
[16] 3.1.2項参照．
[17] 1.2.3項参照．見かけの等級と絶対等級の差（$m-M$）を距離指数という．
[18] 3.4.1項でセファイド型変光星の性質やメカニズムについて記述している．
[19] 種族Iと種族IIで周期光度関係の係数が異なることには注意が必要．
[20] 英語で"standard candle"（「ローソク」という意味をもつcandleを使う）．
[21] 3.3.2項の表3.2参照．

6.2.5 巨大ブラックホール

天の川銀河をはじめとするあらゆる（形のはっきりした）銀河には，電磁波では見えない巨大ブラックホールとダークマターも含まれる．どのようにしてその存在が明らかにされたのか，現在の知見をまとめる．

天の川銀河の中心は地球から見ていて座の方向にある．その中に，いて座 A*とよばれる強い電波源があり，どうやらその中に巨大ブラックホールがあるらしい．なぜ見えないはずのブラックホールがあることがわかったかというと，銀河中心の恒星の運動を詳細に調べたところ，いて座 A* の周りを，楕円を描いて運動していたからである．これは，楕円の焦点に見えないけれど強い重力源があり，近くを通る恒星の軌道がその重力に引かれて曲げられたからと解釈できる．その強い重力源こそがブラックホールということである．

近傍銀河の中心付近の速度分布をみてみよう．図 6.9 に M31 銀河のケースを示す．中心に向かって，回転速度は急速に増加していることがわかる．これは，中心にコンパクトな重力源，すなわち巨大ブラックホールがあるからと解釈できる．というのも，その質量を M_{BH} とすると，重力と遠心力との釣り合いから回転速度は

$$[v_\varphi(r)]^2/r = GM_{\mathrm{BH}}/r^2 \quad \rightarrow \quad v_\varphi(r) \propto r^{-1/2} \tag{6.1}$$

となるからである．さらに，この比例係数からブラックホール質量が求められ

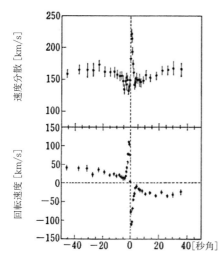

図 6.9　M31 銀河の回転曲線（福江『降着円盤への招待』図 3-18 をもとに改変．原図は Kormendy (1988)）

る．こうして，銀河系中心ブラックホールの質量は，太陽質量のおおよそ 400 万倍と見積もられている．

6.2.6 ダークマター

最後に登場するのはダークマターである．これも電磁波を放射しない．それなのに，どうしてあるとわかったのだろうか．

手がかりは，円盤部の回転曲線である．図 6.10 に天の川銀河と同じ円盤銀河である NGC6503 の回転曲線を示した．回転速度は，中心（距離ゼロ）から外に向かって急激に上昇した後，おおよそ 120 km/秒でほぼ一定になっている．外にいっても回転速度がほとんど減少しないのである．これはどういうことか．回転平衡の式をたてて考えてみよう*22)．半径 r の中の質量を $M(r)$ として

$$[v_\varphi(r)]^2/r = GM(r)/r^2 \to M(r) \propto rv_\varphi^2 \qquad (6.2)$$

と書ける．回転速度が一定ということは，$M(r) \propto r$ を意味する．しかし，光度（星からの光）は明らかに周辺部で減っている．ということはすなわち，光らないが重力を及ぼす物体があるはずだということになる．これがダークマター存在の証拠である．その正体は，ブラックホールとも，小さな暗い星の集合とも，未

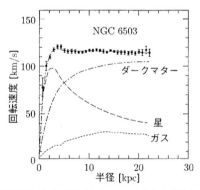

図 6.10 NGC6503 銀河の回転曲線（松原『大規模構造の宇宙論』図 1.6，原図は Begeman *et al.* (1991)）
縦軸：恒星の運動をもとに測った銀河の回転速度（単位は km/秒），横軸：銀河中心からの距離（単位は万光年）．

---

*22) 1.3.4 項表 1.5 の遠心力の項目参照．なお，回転円盤において球対称密度分布の仮定はなりたたないので (6.2) 式は密度が比較的中心集中している場合の近似式である．

発見の素粒子ともいわれるが，全くわかっていない．これも天文学最大の謎の一つである．

6.3 銀河の構造と活動

この節では銀河構造にまつわる，やや突っ込んだ議論を行う．また，巨大ブラックホールが示す特異な活動性についても触れる．

6.3.1 銀河構造の特徴
1) 銀河スケールを決めるもの

そもそも重力はスケールフリーな（特定の長さスケールをもたない）力なのに，どうして星や銀河といった階層構造が生じるのだろうか？

それは重力以外の物理過程が効いているからである．原始天体の形成においてとりわけ大事なのはガスの冷却である．多くの場合，天体はガス圧と重力との釣り合い（静水圧平衡）でなりたっているからである．またガスの冷却率は密度と温度の関数である．重力を特徴づける量（動的時間）は密度の関数である．したがって，密度と温度の2次元図を描いてみると，どのような天体が準静的に収縮して，最終的にガス圧で支えられた天体（すなわち銀河・銀河団）を形成するか

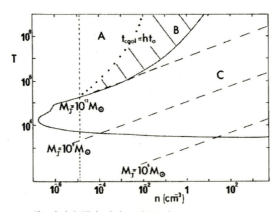

図6.11　ガス密度と温度（K）の相図（Rees and Ostriker, 1977）
実線：動的（自由落下）時間＝ガス冷却時間（原始組成を仮定）となる境界線（右にいくほど冷却時間が短い），点線：冷却時間＝宇宙年齢となる境界線，縦の破線：宇宙の臨界密度（7.1.5項）．

が理解される.

リース (M.J. Rees) とオストライカー (J.P. Ostriker) はこのような考えのもと図6.11を描いた. この中で, 領域 A は宇宙年齢では冷却できない領域（銀河団に相当する), 領域 B の天体はゆっくり冷却して斜線のように進化し領域 C に達する. 領域 C の中で天体は急激に温度 10^4K まで冷却する（銀河に相当する).

2) 銀河のスケーリング関係

われわれは第3章において, 主系列星の質量やサイズ（半径）の間に, 簡単なスケーリング関係（べき関係）がほぼなりたつことをみた. 同様な関係が, 銀河にはみられるだろうか？

しかし, これは簡単な問いではない. 球対称近似がよくなりたち, 内部エネルギー源やエネルギー輸送の基本方程式がたてられる恒星内部構造に比して, 銀河は重力多体系[*23)]であり, 簡単な解析が困難だからである. しかし, 観測や数値シミュレーションをもとに, おおよその傾向が示唆されている.

銀河の全質量（ダークマターも含む）を M, 全光度を L, 半径を R, 表面輝度を I, 速度分散を σ とおこう. これらはすべて独立ではなく, おおよそ以下の関係がある.

$$I \propto L/R^2, \quad \sigma^2 \propto M/R \tag{6.3}$$

前者は表面輝度の定義式のようなものであり, 後者は速度分散で表した静水圧平衡の式に相当する[*24)]. もし銀河の質量光度比が一定なら, 銀河は2変数のみで表されることになり, 銀河の2次元分類[*25)]が可能になる. もっとも, 実際には

$$M/L \propto M^\alpha \quad \alpha \sim 0.2 \tag{6.4}$$

と, ゆるい質量依存性があることには注意されたい.

3) 銀河の質量関数

少し見方を変えて, どれくらいの質量の銀河がどれくらいの割合あるか, とい

[*23)] このような系は重力 N 体系とよばれる. $N=2$ および $N=3$ の質点系（体積ゼロで有限質量をもつ要素の集まり）は少なくとも限られた状況で厳密解があるが, $N>3$ で解析解は存在しない. 逆に $N \to \infty$ の極限ではガス系として統計的な手法が適用できる. 銀河の恒星集団はその中間に当たる.

[*24)] 1.3.2項の表1.4の速度分散の項目参照.

[*25)] 2次元分類が可能なら, 銀河は多次元パラメータ空間で基本面（fundamental plane）上に分布する. もっとも異論もあり, 議論が続いている.

う統計量を考えよう．これは**光度関数**[26]とよばれる量で，銀河の光度分布を再現する関数としてシェヒター型関数[27]がよく用いられる．

$$\phi(L)dL = \phi_*(L/L_*)^\alpha \exp(-L/L_*) \tag{6.5}$$

ここで $\phi(L)$ は光度 $L \sim L+dL$ の間の光度をもつ銀河の数，ϕ_* は定数，L_* は典型的な銀河光度である．あるいは光度を質量でおきかえた質量関数

$$\phi(M)dM = \phi_*(M/M_*)^\beta \exp(-M/M_*) \tag{6.6}$$

もよく用いられる．図 6.12 に銀河のバリオン質量に関する質量関数を示す．フィッティングから得られた定数は $\phi_* = 2.5 \times 10^{-14} M_\odot^{-1} h^3 \, [\mathrm{Mpc}^{-3}]$，$\beta \sim -1.21$，$M_* = 1.31 \times 10^{11} M_\odot$ である[28]．

なお図 6.12 には，数値シミュレーションで得られたダークマターの質量分布も破線で入れてある．宇宙のほとんどの質量（90％以上）は，銀河質量では説明できないことがわかる．

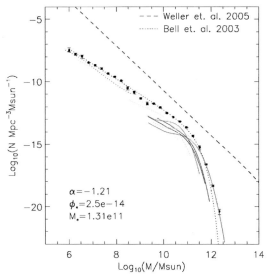

図 6.12 銀河の質量関数（Read and Trentham, 2012）
データは銀河の観測値．点線：シェヒター関数によるフィット曲線．破線：ダークマター分布．

[26) 英語で "luminosity function." 同様に質量分布は "mass function" とよばれる．
[27) Schechter（1976）参照．
[28) 対応する光度は $L_* \sim 10^{11} L_\odot$．銀河光度の典型値としてしばしば用いられる．

6.3.2 衝突する銀河

遠方銀河の観測が進むにつれ,昔の宇宙の姿が次々と明らかになってきた.今から数十億年前,銀河ははっきりした形をもっていなかった.中にはいくつかの塊が寄り集まっているように見えるものもある.銀河はやや小さめの「銀河の素」が合体・融合してできたのだ.そのような考え方を,銀河形成のボトムアップ・シナリオとよぶ[29].その筋書き通りに小さな塊が合体しているようすが観測で続々と見つかっており,また宇宙論的シミュレーションでもみごとに再現されている[30].

宇宙をよくよく観ていくと,銀河同士が異常に接近しているものや,2つの銀河が合体しつつあるもの,1つの銀河の中を別の銀河が通り抜けた後らしいものが見つかっている.図6.13は,2つの銀河のニアミス画像である.銀河は,自分以外の重力源が近くにあると大きく変形してしまう.図6.13に示した右側の銀河も,本来の形が少し歪んでいるのがわかるだろう.この歪みが,2つの銀河が近い位置にあるということの証拠になる.すなわち,たまたま同じ方向に見え

図 6.13 典型的な2つの銀河 (NGC 2207 と IC 2163) の異常接近 (NASA/ハッブル宇宙望遠鏡)
左の銀河は典型的な渦巻き銀河に見えるが,右の銀河はかなり変形している.これは,左の銀河による潮汐力を受けて本来の形が崩されているためであろう.

---

[29] ボトムは小さな塊を意味し,それらが合体して大きくなることをアップと表現した.冷たいダークマターに満たされた宇宙の特徴である (7.3.2項).

[30] 準解析的 (semi-analytic) アプローチというのもある.宇宙初期の密度ゆらぎの成長とそれに伴うダークマターハローの合体を統計的に扱い,観測で知られた種々の経験則を組み入れて,星形成率や銀河光度の統計,さらにはブラックホール成長まで説明しようとする意欲的なアプローチである.

ている（距離は大きく異なる）のではないことがわかるのである．

銀河の中はすかすかである．星と星の間には虚空の星間空間が拡がっているのである．巨星でも星の間隔と星の大きさとが100万倍以上も異なるからだ．すなわち，銀河同士が衝突しても，恒星同士は衝突しない[*31)]．

しかし，銀河と銀河の間隔は，銀河の大きさの数十倍しかないことに注意しよう．また，近づくと互いに重力で引き合うので，合体がひんぱんに起こっていたことは想像にかたくない[*32)]．昔の宇宙はそのような状況だったのである．

6.3.3 スターバースト銀河

宇宙を見ていると，特に活動的な銀河も多数見えてくる．「活動的」という意味は，通常の銀河に比べて極めて明るく光っているという意味である．そのような活動銀河には大きく2種類ある．スターバースト銀河（starburst galaxy）と活動銀河核（AGN；Active Galactic Nuclei）である（4.5.3項の表4.2参照）．まず前者について述べる（後者は次項を参照）．

スターバーストとは爆発的星生成を指し，スターバースト銀河とは激しい星生成活動をしている銀河のことである．天の川銀河の渦の中では恒星がどんどんつくられていることを説明したが，銀河全体でいっせいに星生成活動をしているものもある．大質量星は進化の途上で高温ガスを大量に噴き出す（星風[*33)]）ので，スターバースト銀河からは，星風や超新星爆発により多量の高温ガスを銀河の外に噴き出すこともある[*34)]．

スターバーストと活動銀河核，これらは共に銀河の近接相互作用と関連しているらしいことを指摘しておこう．銀河間相互作用は銀河内部へガスを供給して星形成活動を促進すると共に，中心ブラックホールに落ち込んでブラックホールを明るく光らせるのである．こう考えると，銀河のニアミスや合体がひんぱんに起こっていた100億年ほど前に銀河の活動性が高まり，今は落ち着いていることも理解できる．

[*31)] たとえば，直径10 cmのボールを100 km先の別のボールに当てるようなものだ．まず当たりっこない，と容易に理解できるだろう．

[*32)] たとえば，直径10 cmのボールを2 m先の別のボールに当てるようなものだ．少々ずれても標的に重力で引きつけられるので，練習すれば当たる！

[*33)] 英語で"stellar wind"．

[*34)] 銀河風（"galactic wind"）とよばれる．

6.3.4 クェーサーと活動銀河核
a. クェーサー

クェーサー[*35)]は，1960年代（「発見の時代」）に見つかった強い電波源である．光学同定[*36)]され，青い「星」であることがわかった．しかし分光観測して得られたスペクトルは，じつに奇妙なものであった．予想もつかない波長に輝線が多数見られたのである．しかし，それらは赤方偏移した水素バルマー線であることがわかった．

では，なぜクェーサーは赤方偏移をするのか？ 諸説提案されたが，結局，宇宙膨張に伴う赤方偏移という解釈に落ち着いた．すなわち，クェーサーは宇宙論的遠方の天体ということになる．宇宙論的遠方にありながら明るく見えるということは，そもそも莫大な放射エネルギーを放射していることになる．ざっといって光度は $\sim 10^{39}$ J/s，典型的な銀河の光度[*37)]のおおよそ100倍である．

しかしながら，放射領域のサイズは小さい．激しい光度変動から放射源サイズに $R < c\Delta t$ なる制限がつく．ここで Δt は光度変化の時間スケールであり，おおよそ1日以下である．そこで $R < c\Delta t \sim 3 \times 10^{13}$ m ~ 200 au という制限がついた．これはじつに銀河半径（10 kpc $\sim 3 \times 10^{20}$ m）のわずか1000万分の1という，とんでもなく微小な領域になる．

いかにして，そのようなコンパクトな領域から銀河全体よりも明るい光を生み出すのか？ 結論は，巨大ブラックホールへのガス降着であった[*38)]．ブラックホールはポテンシャルが深いので落ち込むガスは莫大なエネルギーを解放することができる．

b. 活動銀河核

じつはクェーサーに似たような天体が銀河系近傍にもあることが知られていた．セイファート銀河（Seyfert galaxy）である．クェーサーほどではないが，明るい銀河核をもつ天体であり，やはり強い輝線を出す．スペクトル線の幅は，輝線を出すガスの運動を反映し，時に数千 km/s 以上の速さになる．クェーサー

[*35)] "quasi-stellar objects"（恒星状天体）を短くしたもの．「恒星状」とは点源を意味する．昔は非電波源をQSO，電波源をquasarと区別していたが，今では区別しない．詳細は，K. Thorne（1994）参照のこと．
[*36)] 可視光望遠鏡で対応する天体を見出すこと（英語では "identification"）．
[*37)] 典型的な銀河は L_* 銀河とよばれ，おおよそ 10^{11} 個の恒星を含む（6.3.1項の3））．
[*38)] Lynden-Bell（1969）参照．

やセイファート銀河など，中心核の活動性が極めて高い核を総称して活動銀河核（AGN）とよんでいる．

ではどれだけのエネルギーが解放されるか，簡単に見積もってみよう．ガス降着率を $\dot{M}$ とすると，ガス降着流が無限遠から距離 r_{in} に達するまでに毎秒解放する放射エネルギー（光度）は

$$L = \frac{1}{2}\frac{GM\dot{M}}{r_{\text{in}}} \sim 1.5 \times 10^{39} \left(\frac{\dot{M}}{1M_\odot\,[\text{yr}^{-1}]}\right) [\text{J s}^{-1}] \quad (6.7)$$

と書ける[*39]．ここで円盤内縁の半径（r_{in}）としてシュヴァルツシルト半径[*40]をとった．すなわち，10^{39} J s^{-1}の光度を出すには，ブラックホールは毎年1太陽質量の物質を食っている勘定となる．

以上が，活動銀河核の基本である．活動銀河核の分類や宇宙ジェット（細く絞られた高速のプラズマ流）噴出の謎など，興味深い課題があるが，それらについては専門書を参照されたい[*41]．

6.3.5 ブラックホールと母銀河の相関

6.2.5項で，あらゆる（形のはっきりした）銀河は中心に超巨大ブラックホールがあることを述べた．これに関連して21世紀初頭に大発見があった．銀河のバルジ部分の質量と，ブラックホール質量の間に強い相関（比例関係）がみつかったのである（図6.14）．ごくおおざっぱにいって

$$M_{\text{BH}}/M_{\text{bulge}} \sim 0.001 \quad (6.8)$$

という関係である．バルジとは，円盤銀河中心部のふくらんだ部分をいう（図6.4）．いってみれば，楕円銀河は銀河全体がバルジのようなものであり，そう解釈すると，やはりこの相関の線にのることもわかった．さらに，バルジの速度分散（σ）とブラックホール質量の間の（より）強い相関も報告された．すなわち，およそ $M_{\text{BH}} \propto \sigma^5$ という関係である．

一方，銀河の円盤部分の質量（あるいは銀河全体の質量）とブラックホール質量との相関も調べられたが，バルジ質量との相関ほどの強い相関はなかった．バルジは，銀河形成の比較的初期にできたと考えられている．そこでこれらの観測

[*39] 4.5.2項参照．
[*40] 具体的には $r_{\text{S}} \equiv 2GM/c^2 = 2(M/10^8 M_\odot)$ [au]（4.4.1項）．
[*41] たとえば（拙著で恐縮だが）嶺重（2016）．

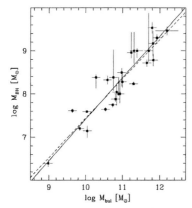

図 6.14　バルジ質量とブラックホール質量の比例関係（Marconi and Hunt, 2003）

は，ブラックホールは，幼少期の母銀河と共に，何らかの関係をもって成長・進化してきたことを示唆する．そこでこの相関を「巨大ブラックホールと母銀河の共進化」とよぶ研究者もいる．だが，なぜこのような相関が生まれるのか，本当にこれは「共進化」を表しているのか，は現代天文学最大の謎の一つである．

6.4　銀　河　団

銀河団は単なる銀河集団ではない．高温ガスで満たされ，X線でも明るく光るのだ．この節では，銀河団という天体について概説する．

6.4.1　銀　河　団

銀河団[*42)]とは，〜1000個もの銀河の集まりである．集まっているのは銀河だけでなく，高温ガスやダークマターも集まっている（次項を参照）．銀河団の多くはほぼ球形をしており，中心ほど銀河の数密度が大きくなることが知られている．多くの場合，その中心には巨大楕円銀河（cD 銀河）が存在する．代表例はおとめ座銀河団（図 6.15）．これはおおよそ 2500 個の銀河集団で，直径は 5 Mpc，中心に巨大楕円銀河の M87 がある．

メンバー数が 100 個以下の銀河集団は，銀河群[*43)]とよばれる．形は不規則である．なお銀河系は，アンドロメダ銀河と共に，個数 40 個の銀河の群れ，局部

[*42)]　英語で "cluster(s) of galaxies" あるいは "galaxy cluster(s)".
[*43)]　英語で "galaxy group".

図 6.15 おとめ座銀河団の可視光画像
(CFHT: Canada-France-Hawaii Telescope)

銀河群(ローカルグループ)に属している.

6.4.2 銀河間ガス

銀河団の中にはおおよそ1億度の高温ガスがあり,強いX線を出している.銀河間ガス[*44]とよばれるその質量は銀河と同程度であり,銀河団という構造を大きく特徴づけるものである.高温ガスは重力ポテンシャルの中に閉じ込められている.しかしそれを引きとどめるだけの重力は,銀河やガスにはなく,ここでもダークマターの存在が示唆されている.

では,銀河団中のガスや銀河の分布はどのように表されるのだろうか.銀河団の中には明らかな2つ目,3つ目の構造をもつものもあり,やがてこれらのサブ構造(substructure)は合体して,球対称分布に落ち着くと考えられる[*45].

そこで簡単のため,銀河間ガスの分布はほぼ球対称とすると,その分布は,恒星の場合と同様,静水圧平衡の式から導かれる.半径 r の中の物質(ダークマターも含む)の量を M_r とすると,静水圧平衡の式は

$$\frac{1}{\rho_{\text{gas}}}\frac{dp_{\text{gas}}}{dr}=-\frac{GM_r}{r^2} \rightarrow \frac{kT}{\mu m_{\text{p}}}\left(\frac{d\ln\rho_{\text{gas}}}{d\ln r}+\frac{d\ln T}{d\ln r}\right)=-\frac{GM_r}{r} \qquad (6.9)$$

と書ける[*46].一方で,銀河間ガスの温度分布はほぼフラットであることがX線観測から知られている.また,ガス密度分布として,以下の β モデルが銀河団

[*44] 英語で "intergalactic medium" (IGM) あるいは "intra-cluster medium" (ICM).
[*45] 観測的宇宙論から,現在8Mpcスケールでの密度ゆらぎが ~1 であることがわかっている.すなわち今なお形成途中の銀河団が多数あることになる.
[*46] ここで m_{p} は陽子質量,μ は平均分子量 $1/\mu\equiv 2X+(3/4)Y+Z/2$ (2.2.1項参照).この関係式は楕円銀河の中の高温ガス分布にも使える.

のX線観測をよく再現することが知られている[*47]．

$$\rho_{gas}(r)=\rho_{gas,0}[1+(r/r_c)^2]^{-3\beta/2} \quad (6.10)$$

ここでコア半径 r_c と β（1のオーダーの定数）はパラメータである．1.3.7項で紹介した等温ガス球の密度分布に似ていることがわかる．

(6.10) 式を積分すれば銀河団に含まれるガス質量が求まる．

$$M_{gas}=\int_0^{r_{vir}}4\pi r^2\rho_{gas}(r)dr\approx M\Omega_b/\Omega_m \quad (6.11)$$

ここで r_{vir} はヴィリアル半径（力学平衡にある天体のサイズを表す量，7.3.4項の R_0 に相当），M はダークマターも含む全物質質量，Ω_b/Ω_m は宇宙のバリオン（ガス）密度と全物質（ガスとダークマター）密度の比を表す（正確な定義は7.1.6項）．

こうして (6.9) 式からダークマターを含む物質の質量分布を求めることができる．

一方，銀河運動の速度分散を σ_v（定数）とし，銀河は重力ポテンシャルの中で力学的平衡状態にあるとすると，銀河の密度分布はおよそ

$$\sigma_v^2\frac{d\ln\rho_{gal}}{d\ln r}=-\frac{GM_r}{r} \quad (6.12)$$

で与えられる．(6.9) 式と (6.12) 式を比較して

$$\frac{d\ln\rho_{gas}}{d\ln\rho_{gal}}=-\frac{\sigma_v^2}{kT/\mu m_p} \quad (6.13)$$

を得る．実際，この関係がほぼ成り立っていることが観測から示唆されている．すなわち，ガスも銀河も，銀河団ポテンシャル中で落ち着いた（平衡）状態にあるといえる．

6.4.3 クーリングフロー問題

中心部の密度を調べると，放射によるガス冷却時間が動的時間より短く，ガスは冷えつつ中心部に落ちていると予想された．いわゆるクーリングフロー（冷却流）問題である．しかしながら，ガスはあまり冷えていないことがX線観測によって示された．なぜ冷えないのか，活動銀河核による加熱なのか，いまなお論

[*47] 温度1億Kのガスは，主として熱制動放射でX線を出し，その放射率は $\rho_{gas}^2 T^{1/2}$ に比例することが知られている．温度分布がフラットならばX線強度分布は密度分布を反映する．

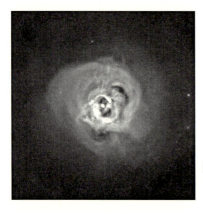

図 6.16　ペルセウス銀河団の X 線画像（NASA/チャンドラ X 線観測衛星）

争が続いている．

　だが，近年は角度分解能に優れたチャンドラ X 線観測衛星などの活躍により，この高温ガスの分布や運動の詳細も明らかにされつつある（図 6.16）．銀河間ガスはほぼ緩和した（落ち着いた）状態にあるらしいことが，日本のひとみ衛星による，ペルセウス銀河団中心部の精密 X 線分光により明らかにされた．一方で，銀河団の周辺部では今も周囲からガスやダークマターが流れ込んでいることがわかっている．銀河団構造はまだわからないことも多く，今後の多波長観測に期待したい．

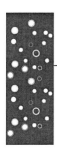

Chapter 7

現代の宇宙論

最後に「宇宙」という入れ物について論じる．宇宙論だけでも分厚い教科書ができる[*1]ほど内容豊かなテーマであるが，本書ではビッグバン宇宙論の概略と膨張宇宙における天体形成に焦点を当てる．

まず「膨張する宇宙」という最も基本となる考え方を導入してから（7.1節），現代宇宙論の根幹であるビッグバン宇宙論について述べる（7.2節）．それをふまえて「天体は宇宙初期の密度ゆらぎが成長してできた」という天体形成論を概説し（7.3節），最後に138億年にわたる宇宙の歴史を概観する（7.4節）．

7.1 膨張する宇宙

現代宇宙論と古代宇宙論，その違いをひとことでいえば「宇宙は変化（膨張）する」となるだろう．この節では，宇宙の膨張がテーマである．

7.1.1 ハッブル–ルメートルの法則[*2]

現代の科学的宇宙論のベースはガモフ（G. Gamow）のビッグバン宇宙論であり，それが市民権を得たのはルメートル（G. E. Lemaître）とハッブル（E. Hubble）による**宇宙膨張**の発見にある[*3]．

[*1] たとえば，松原（2010），二間瀬（2014）．
[*2] ながらく「ハッブルの法則」として学ばれてきた法則だが，ハッブルよりも先にルメートルが発見した事実に鑑み，「ハッブル–ルメートルの法則」と言うべきではないかと，2018年の国際天文学連合で議論になり，会員による投票の結果，名称が変更された．
[*3] Lemaître（1927），Hubble（1929）．

じつは20世紀初頭まで,「宇宙は永劫不変」という静的[*4]な宇宙観が支配的であった．そう信じたいきもちはよくわかる．しかし,宇宙はあらゆる階層でダイナミックに形を変えていることを,現代天文学は明らかにしてきた．宇宙自体もその例外ではなかったのだ．

ルメートルとハッブルは遠方の銀河ほど高速でわれわれから後退していること,しかも距離と後退速度の間に比例関係があることを見出した(図7.1)．これがハッブル-ルメートルの法則で,式で表すと,

$$v（後退速度）=H_0 \times d（距離） \tag{7.1}$$

となる．比例係数 H_0 は,ハッブル定数とわれわれが言い習わしているもので,添え字の0は現在での値を示す(比例係数は宇宙時間の関数であることは,おいおい述べる)．現在,知られている値は

$$H_0=67.8\pm0.9\,[\mathrm{km/s/Mpc}] \tag{7.2a}$$

である．便宜上,今後

$$H_0=100\,h\,[\mathrm{km/s/Mpc}] \tag{7.2b}$$

と表すことにする．すなわち,おおよそ $h=0.68\pm0.01$ となる．

この後退速度はどのように測るのだろうか．それには光のドップラー効果に伴うスペクトル線の赤方偏移を使う．音と同様,観測者から遠ざかる天体の発する光の波長は伸びる．放射されたときの本来の波長を λ_1, 観測者が観測する(現

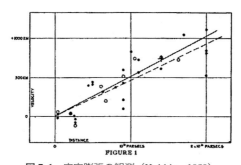

図 7.1 宇宙膨張の観測 (Hubble, 1929)
横軸は銀河までの距離,縦軸は後退速度．今からみると随分測定精度に誤差が大きいことがわかる．

[*4] 膨張を取り入れた「定常宇宙論」も提唱されたが,宇宙マイクロ波背景放射の観測(7.2.1項)と矛盾するため現在では否定されている．なお,静的("static",オイラー微分 $\partial/\partial t=0$)とは動きがないことを,定常("steady state")とは川の流れのように見かけの変化がないこと(ラグランジュ微分 $D/Dt=\partial/\partial t+\mathbf{v}\cdot\nabla=0$)を表す．

在における）波長を λ_0 とすると，赤方偏移は

$$z \equiv (\lambda_0 - \lambda_1)/\lambda_1 \quad \text{または} \quad 1+z \equiv \lambda_0/\lambda_1 \tag{7.3}$$

で定義される．これが直接の観測量である（図 7.2）．

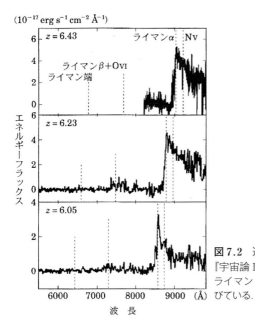

図 7.2 遠方銀河のスペクトルの例（二間瀬ほか編『宇宙論 II』図 5.12, 原図は Fan *et al.* (2003)）ライマン α 輝線（121.6 nm）の波長が $(1+z)$ 倍に伸びている．

ほとんどすべての銀河が，距離に比例した速度でわれわれから遠ざかって見えるということは，視点を変えると，宇宙のどこにいてもあらゆる天体はそこから遠ざかるように見えるということである．すなわち，宇宙という「入れ物」自体が全体として大きくなっていると解釈できる．

「宇宙には特別な点が存在しない．」これは**宇宙原理**[*5)]として知られ，「宇宙は永劫不変ではない」こととと同様，現代宇宙論を構築する基本原理となっている．

思い返せば，かつて人類の世界観は天動説（地球が世界の中心）にあった[*6)]．それが，地動説（地球も太陽の周りを回る）に取って代わられた．では太陽は世

[*5)] 正確には「大きなスケールでならしてみると宇宙は一様・等方である」．実際，夜空を見上げると，宇宙は全然一様ではない！ でもそれは現在の宇宙の姿で，初期宇宙はほぼ一様だった（7.2.1 項参照）．

[*6)] とかく人間は「自分は世界の中心」と思いたがるものである．

界の中心か．否，太陽も世界の中心ではなく，銀河系の端に存在する1恒星であった．そしてその銀河系もまた宇宙の中心ではなかった．宇宙原理とは，太陽系も銀河系もこの世界の中心ではないことを意味し，それは宇宙マイクロ波背景放射で実証されている[*7)]．

ここで，宇宙が膨張しても銀河自体は膨張しないことを注意しておこう．銀河自体は自己重力で束縛された系であり，宇宙膨張から「切り離されて」いるのである[*8)]．銀河自体は膨張しないが，銀河間隔は（互いに重力で引き合わない限り）どんどん拡がっていく．

7.1.2　一般相対論と宇宙膨張

現代宇宙論は，宇宙原理と一般相対論をベースに築きあげられている．そのアインシュタイン方程式は，4.4節で触れているが，宇宙やブラックホールなどの重力場を記述する方程式であり，ある程度ニュートン力学との対応づけが可能である．

さて，宇宙原理から時空構造に制限がつけられる．曲率（歪み）ゼロの宇宙を表す解は以下のような形をとることが示される[*9)]．

$$ds^2 = -c^2 dt^2 + a^2(t)[dr^2 + r^2(d\theta^2 + \sin^2\theta \, d\phi^2)] \quad (7.4)$$

[ds^2 の意味については 4.4.2 項を参照]

これはいったいどういう特徴をもっているのか．平坦時空[*10)]

$$ds^2 = -c^2 dt^2 + dr^2 + r^2(d\theta^2 + \sin^2\theta \, d\phi^2) \quad (7.5)$$

と比較して考えよう．

まず，(7.4) 式右辺第1項の時間部分については，(7.5) 式と全く同じであることがすぐわかる．差が現れるのは右辺第2項の空間部分．(7.4) 式第2項の最初に出てくる $a(t)$ は，宇宙のスケール因子とよばれ，宇宙全体の膨張（収縮）を表す無次元量である．慣例上，現在（時刻 t_0）の値を $a(t_0)=1$ とおく．する

[*7)]　7.2.1 項参照．宇宙マイクロ波背景放射分布には微少な双極子成分があり，それは銀河系の運動を表すことが知られている．

[*8)]　もしあなたの体が膨張していたとしても，それは宇宙膨張のせいでなく何かほかに原因がある（そもそも宇宙膨張が原因だと縦にも横にも膨張するはず）．

[*9)]　英語で "Robertson-Walker metric"．ここでは曲率ゼロの場合を記した．より一般的な表式および導出の仕方は，たとえば Weinberg (1972) 参照のこと．

[*10)]　4.4.2 項 (4.22) 式参照．要するにわれわれが「普通」と思っている時空．

と,現在において (7.4) 式と (7.5) 式は全く同じになる.

しかし,「なぁーんだ,平坦時空と変わらないのか」と安心してはいけない.空間スケール自体が時間と共に変化することが肝要なのだ.宇宙は膨張しているのだから,時間をさかのぼるにつれスケール因子 $a(t)$ はどんどん小さくなる.$a(t)$ に比例して,(r,θ,ϕ) のあらゆる方向の距離間隔も収縮する.これが原因となって,常識に反する現象が現れるのだ.

7.1.3 宇宙論的赤方偏移

先に膨張宇宙の証拠は,スペクトル線の赤方偏移の観測から得られたと述べた[*11]. なぜ,宇宙という入れ物が膨張すると光の波長も伸びるのか.(7.4) 式を使って考えよう.時刻 t_1 に点 $A(r_1,\theta_1,\phi_1)$ から出た光を,時刻 t_0 に異なる r 座標,同じ θ 座標,ϕ 座標をもつ点 $B(r_0,\theta_1,\phi_1)$ で観測するとする.光の経路に沿って $ds=0$ なので,

$$ds^2=-c^2dt^2+a^2(t)dr^2=0 \rightarrow \int_{t_1}^{t_0}\frac{cdt}{a(t)}=\int_{r_1}^{r_0}dr=r_0-r_1 \quad (7.6)$$

が成立する.次に,点 A から出た光の振動数を ν[Hz] として,時刻 t_1 の $1/\nu(t_1)$ 秒後(光の一周期後),すなわち時刻 $t_1+\delta t_1 \equiv t_1+1/\nu(t_1)$ に点 A を出た光が,時刻 $t_0+\delta t_0 \equiv t_0+1/\nu(t_0)$ に点 B に到達したとする.式 (7.6) の右辺は時間によらない一定量なので

$$\int_{t_1}^{t_0}\frac{dt}{a(t)}=\int_{t_1+\delta t_1}^{t_0+\delta t_0}\frac{dt}{a(t)} \quad (7.7)$$

となるはずである.光の 1 周期 $1/\nu(t_1)$ は宇宙膨張時間に比べて十分短いので,テーラー展開して

$$\frac{\delta t_1}{a(t_1)}=\frac{\delta t_0}{a(t_0)}=\delta t_0 \rightarrow a(t_1)\nu(t_1)=\nu(t_0) \quad (7.8)$$

となる(ここで $a(t_0)=1$ を使った).赤方偏移量は,光の波長を $\lambda(=c/\nu)$ とおいて (7.3) 式から次のようになる.

$$1+z=\frac{\lambda_0}{\lambda_1}=\frac{\nu(t_1)}{\nu(t_0)}=\frac{1}{a(t_1)}(>1) \quad (7.9)$$

この結果をひとことでいうと,赤方偏移 z の天体は,宇宙が現在の $1/(1+z)$

[*11] 7.1.1 項で「ドップラー効果に伴う…赤方偏移」と説明したが,じつはあまり正確ではない.スケール因子の増加に起因するものと考えるべきである.

の大きさであったときに存在するということになる．たとえば，銀河活動が活発であった赤方偏移2は，宇宙の大きさが1/3だったときの宇宙に相当する．ここまでは観測値からすぐにわかる．しかし，それが宇宙年齢にしていつの頃だったか（$z=z(t)$）を答えるには，次項で述べる宇宙膨張方程式を解かないといけない．

7.1.4 宇宙膨張方程式

宇宙膨張の式は，厳密にはアインシュタイン方程式から導出すべきものであるが，ニュートン力学からの類推でも似たような形の方程式を導出することができる[*12]．ここではその方法を紹介しよう．

任意の点の周りの等密度 ρ で半径 R の球を考える．その重力ポテンシャルは $-GM/R$，球の質量は $M=(4\pi/3)\rho R^3$，運動エネルギーはおおよそ $v^2/2$ と書けるから，球全体のエネルギー（E）保存の式は

$$\frac{1}{2}v^2 - \frac{4\pi}{3}G\rho R^2 = \text{const.} \equiv E \tag{7.10}$$

となる．さて，半径 R と速度 v を，スケール因子を用いて，

$$R = a(t)\cdot r_0, \quad v \equiv \frac{dR}{dt} = \frac{da}{dt}r_0 \equiv \dot{a}(t)r_0 \tag{7.11}$$

と書こう．添え字の0は現在の値を意味する．ハッブルパラメータ

$$H(t) \equiv \dot{a}(t)/a(t) \tag{7.12}$$

を導入すると，現在 $a(t_0)=1$ において

$$\begin{aligned} R(t_0) &= r_0, \\ v(t_0) &= \dot{a}(t_0)r_0 = H(t_0)r_0 \equiv H_0 r_0 \end{aligned} \tag{7.13}$$

が成立する．後者はハッブル–ルメートルの法則（7.1）式そのものである．

さて（7.10）式と（7.11）式を組み合わせて，宇宙膨張方程式が出てくる．

$$\left(\frac{da}{dt}\right)^2 - \frac{8\pi}{3}G\rho a^2 = \frac{E}{r_0^2} \equiv 2\tilde{E} \tag{7.14}$$

特に物質優勢時[*13]では $\rho \propto R^{-3} \propto a^{-3}$ となるので，

[*12] 厳密ではないが，ニュートン力学と一般相対論では，このような類推が成立する場合がままある．現象を理解するのに有益な「比喩」といえる．

[*13] 本書では天体形成を論じるため物質優勢期のみを考える．放射密度（$\propto 1/a^4$）は物質密度（$\propto 1/a^3$）より速く減少し，宇宙年齢数十万年以降は物質優勢となる〔放射密度は光子の数密度（$\propto 1/a^3$）と光子のエネルギー（$\propto$振動数$\propto a^{-1}$）の積〕．

7.1 膨張する宇宙

$$\frac{1}{2}\left(\frac{da}{dt}\right)^2 + U(a) = \widetilde{E} \quad U(a) = -\frac{4\pi}{3}G\rho a^2 = -\frac{4\pi}{3}\frac{G\rho_0}{a} \propto -\frac{1}{a} \quad (7.15)$$

すなわち,ポテンシャル $U(a) \propto -1/a$ の中にある粒子の 1 次元運動の式と同じ形をしている(図 7.3).全エネルギー $\widetilde{E}$ の正負により,宇宙膨張のようすが大きく異なることがわかるだろう.

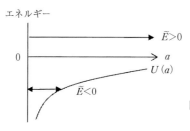

図 7.3 $1/a$ ポテンシャルの中の粒子の運動

全エネルギーが負のとき,系は束縛された状態にある.a の値は大きくなったりゼロになったりする.すなわちこれは,現在は膨張しているものの,やがて自己重力による引き戻しのため収縮する宇宙を表す解である.一方で,全エネルギーが正かゼロの場合,粒子の運動は束縛されずに無限遠まで達する.これはずっと膨張しつづける宇宙を表す解である.

これらの宇宙論パラメータの値が決まれば,(7.14) 式を現在 ($t=t_0$) で

$$a(t_0) = 1, \quad \dot{a}(t_0) = H_0 \quad (7.16)$$

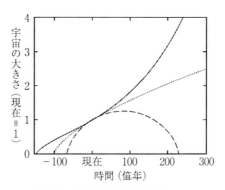

図 7.4 さまざまな宇宙モデル

縦軸はスケール因子,横軸は時刻で,現在をゼロとした.破線は超臨界密度の宇宙でやがて収縮する宇宙,点線はちょうど臨界密度となる宇宙,実線は加速膨張する宇宙である(7.1.6 項参照).3 本の線は,現在の宇宙膨張速度(傾き)が同じになるように描いてある.

なる初期条件の下で解くことにより，宇宙膨張曲線が得られる（図7.4）．縦軸はスケールファクター $a(t)$，横軸は時間である．

図7.4の左下ですべての線が右上がりであることから，どの宇宙も最初は膨張することがわかる．3本のうち，一番下の破線は $\widetilde{E}<0$ の解で，やがて収縮する宇宙を表す．真ん中の点線は $\widetilde{E}=0$ のケースで，ずっと膨張しつづける宇宙を表す．われわれが住む宇宙は，一番上の実線で表される「加速膨張する宇宙」である．これについては7.1.6項で触れる．

7.1.5 宇宙の臨界密度

宇宙が今後も膨張しつづけるのか，それともやがて収縮に転ずるかは，全エネルギーの正負で決まり，それをコントロールするのは宇宙の平均密度である[14]．平均密度がある臨界密度を超えれば，重力が効いてやがて収縮に転ずる宇宙，超えなければ，永遠に膨張しつづける宇宙である．臨界密度 ρ_{crit} は，(7.14)式で $\widetilde{E}=0$ として得られる．

$$\rho_{\mathrm{crit}} \equiv 3H^2/(8\pi G) \qquad (7.17\mathrm{a})$$

ある時点で宇宙の平均密度が臨界密度なら，エネルギー保存（$\widetilde{E}=0$）からどの時点でも臨界密度となる．現在の値は(7.16)式を代入して

$$\rho_{\mathrm{crit},0} = \frac{3H_0^2}{8\pi G} = 2\times 10^{-29} h^2 \,[\mathrm{g\,cm^{-3}}] \qquad (7.17\mathrm{b})$$

である[15]．宇宙がちょうど臨界密度のとき，宇宙の膨張則はべき関数で表せる．物質優勢時には $\rho \propto r^{-3} \propto a^{-3}$ を用いて

$$\left(\frac{da}{dt}\right)^2 \propto \frac{1}{a} \Rightarrow a(t) \propto t^{2/3} \qquad (7.18)$$

となり，宇宙は時間の2/3乗のべき関数にしたがって膨張する．このような宇宙は，アインシュタイン-ド・ジッター宇宙とよばれる[16]．

---

[14] この項では，（歴史的経緯にしたがい）宇宙項をゼロとした議論を紹介する．
[15] ハッブル定数を $H_0=100\,h$ km/s/Mpc とおいた．
[16] 7.1.6項コラムJ：宇宙膨張の解析解参照．

7.1.6 加速膨張する宇宙

7.1.4項の (7.14) 式は，宇宙項が入っていない宇宙の進化を表す式である．宇宙項 Λ がある場合は，宇宙の曲率 K を導入して[*17]

$$\left(\frac{da}{dt}\right)^2 - \frac{8\pi}{3}G\rho a^2 = \frac{a^2c^2}{3}\Lambda - Kc^2 \tag{7.19}$$

と書ける．(7.19) 式を現在 ($a=1, da/dt=H_0$) に適用することにより，

$$K = -(1-\Omega_{\mathrm{m},0}-\Omega_{\Lambda,0})(H_0^2/c^2) \tag{7.20}$$

を得る[*18]．これを用いて物質優勢の条件 ($\rho \propto a^{-3}$) の下で書き換えると

$$\left(\frac{1}{a}\frac{da}{dt}\right)^2 = H_0^2\left(\frac{\Omega_{\mathrm{m},0}}{a^3} + \frac{1-\Omega_{\mathrm{m},0}-\Omega_{\Lambda,0}}{a^2} + \Omega_{\Lambda,0}\right) \tag{7.21}$$

となる．左辺は宇宙の膨張率を，右辺各項はそれぞれ物質密度，曲率，宇宙項による寄与を表す．右辺には観測で決定するべきパラメータが3つ含まれている．既出のハッブルパラメータ $H_0 \equiv (da/dt)_t$ に加えて

密度パラメータ $\quad\Omega_{\mathrm{m},0} \equiv \bar{\rho}(t_0)/\rho_{\mathrm{crit}}(t_0)$ (7.22a)

宇宙項（無次元） $\quad\Omega_{\Lambda,0} \equiv \Lambda c^2/(3H_0^2)$ (7.22b)

である．ここで $\bar{\rho}$ は宇宙の平均密度である．

さて宇宙項[*19]とは，ふくらし粉のような働きをすることが (7.21) 式からわかる．宇宙項は右辺にあって正だからだ．そしてその大きさは不思議なことに，体積が増えても小さくならない[*20]．こうして宇宙が大きくなればなるほど宇宙項が卓越し，宇宙膨張が加速することを (7.21) 式は示している．

なお，宇宙項の大きさを微妙に調整すると，重力と宇宙項が常に釣り合った静的宇宙が実現する[*21]．膨張宇宙の考え方に反対していたアインシュタインは，膨張を止めるために宇宙項を導入したのだ．しかし，本章冒頭で触れたように，宇宙が膨張していることが観測により確立した．後に彼は「（宇宙項の導入は）わが生涯，最大の過ち」と述べたといわれる．

[*17] 導出は，たとえば松原 (2010) 参照のこと．
[*18] 特に $\Omega_\Lambda=0$ のとき $K=-2\tilde{E}/c^2$ である．エネルギー $\tilde{E}>0$ の膨張しつづける宇宙は負の曲率，$\tilde{E}<0$ の収縮する宇宙は正の曲率をもつことがわかる．
[*19] 宇宙項は「ダークエネルギー」ともよばれる．
[*20] 物質のみの宇宙の膨張速度 ($\dot{a}^2 \propto \Omega_{\mathrm{m},0}/a$) は膨張と共に減少し，宇宙項のみの宇宙の膨張速度 ($\dot{a}^2 \propto \Omega_{\Lambda,0}a^2$) は逆にどんどん増加する．$\rho=K=0$ として (7.19) 式を解けば $a(t) \propto \exp(\sqrt{\Lambda/3}ct)$ となる．すなわち宇宙は指数関数的に膨張する！
[*21] このような宇宙は不安定であることが知られている．

われわれの宇宙は，いったいどの宇宙か．これは観測から決めるほかない．遠方の Ia 型超新星の観測[*22]（図 7.5）や PLANCK 衛星による観測（表 7.1）の結果，われわれの宇宙は加速膨張している，曲率はほぼゼロの宇宙であることがわかったのである（図 7.4 の一番上の実線の曲線）．

宇宙論パラメータが決まると，宇宙年齢が計算できる．$a(t)=0$ から現在 ($t=t_0$) までの時刻を求めればよいのだ．数式で表すと

$$t_0 = \int_0^{a_0} \frac{da}{\dot{a}} \quad \dot{a} \equiv \frac{da(t)}{dt} \tag{7.23}$$

となり，ほぼ $\sim 1/H_0$ のオーダーである[*23]．

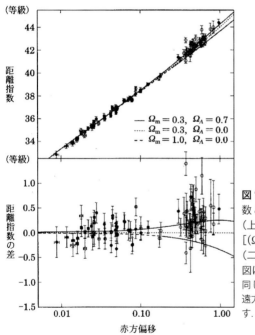

図 7.5 Ia 型超新星の観測による距離指数とさまざまな宇宙モデルとの比較（上）とそれぞれの宇宙項のないモデル $[(\Omega_m, \Omega_\Lambda)=(0.3, 0.0)]$ との差（下）（二間瀬ほか編『宇宙論 II』図 2.9，原図は Riess (2000)）

同じ z に対し観測点（誤差のついた点）は遠方において暗くなる．これは加速膨張を表す．

[*22] パールムッター（S. Perlmutter），シュミット（B. P. Schmidt），リース（A. G. Riess）の各氏による．3 人は 2011 年にその観測によりノーベル物理学賞を受賞した．

[*23] アインシュタイン−ド・ジッター宇宙で $t_0=2/(3H_0)$，ほかのモデルでは一般にそれより長くなる（図 7.3 参照）．ちなみにわれわれの宇宙ではほぼ $t_0 \approx 1/H_0$ である．

7.1 膨張する宇宙

表 7.1 最近の宇宙論に関するパラメータの値（2015年）

ハッブルパラメータ	H_0	67.74 ± 0.46 km/s/Mpc
物質密度	$\Omega_{m,0}$	0.3089 ± 0.0062
うちバリオン	$\Omega_{b,0} \equiv \rho_{b,0}/\rho_{crit}(t_0)$	0.0486 ± 0.0010
うちダークマター	$\Omega_{DM,0} \equiv \rho_{DM,0}/\rho_{crit}(t_0)$	0.2589 ± 0.0057
宇宙項	$\Omega_{\Lambda,0} \equiv \rho_\Lambda/\rho_{crit,0}$	0.6911 ± 0.0062
宇宙年齢	t_0	137.99 ± 0.21 億年

コラム J　　　　　　　　　　　　　　　　**宇宙膨張の解析解**

(7.19) 式は特殊な場合，解析的に解ける．以下がその例である．
(1) 宇宙項がなく，ちょうど臨界密度の宇宙 *¹ （$\Omega_{m,0}=1.0$, $\Omega_{\Lambda,0}=0.0$）

$$a = \left(\frac{3}{2}H_0 t\right)^{2/3}, \quad t_0 = \frac{2}{3H_0} \tag{J.1}$$

なお宇宙の平均密度 *² は，

$$\bar{\rho}(t) = \rho_{crit}(t) = \left(\frac{3}{8\pi G}\right)\left(\frac{\dot{a}}{a}\right)^2 = \frac{1}{6\pi G t^2} \tag{J.2}$$

とシンプルな形に書ける．

(2) 宇宙項がなく，臨界密度に達しない宇宙（$\Omega_{m,0}<1.0$, $\Omega_{\Lambda,0}=0.0$）

$$a = \frac{\Omega_{m,0}}{2(1-\Omega_{m,0})}(\cosh\eta - 1), \quad H_0 t = \frac{\Omega_{m,0}}{2(1-\Omega_{m,0})^{3/2}}(\sinh\eta - \eta) \tag{J.3}$$

(3) 宇宙項がなく，臨界密度を超えた宇宙（$\Omega_{m,0}>1.0$, $\Omega_{\Lambda,0}=0.0$）

$$a = \frac{\Omega_{m,0}}{2(\Omega_{m,0}-1)}(1-\cos\eta), \quad H_0 t = \frac{\Omega_{m,0}}{2(\Omega_{m,0}-1)^{3/2}}(\eta - \sin\eta) \tag{J.4}$$

(4) 宇宙項があり，平坦時空の宇宙（$\Omega_{m,0} + \Omega_{\Lambda,0} = 1$）

$$a = \left(\frac{\Omega_{m,0}}{1-\Omega_{m,0}}\right)^{1/3} \sinh^{2/3}\left(\frac{3\sqrt{1-\Omega_{m,0}}}{2}H_0 t\right),$$

$$t_0 = \frac{2}{3H_0}\frac{1}{\sqrt{1-\Omega_{m,0}}} \ln\frac{1+\sqrt{1-\Omega_{m,0}}}{\sqrt{\Omega_{m,0}}} \tag{J.5}$$

*¹ これがアインシュタイン−ド・ジッター宇宙である．
*² (7.17a) 式に (J.1) 式を代入することにより導出できる．

7.2　ビッグバン宇宙論

　ビッグバン宇宙論は数々の観測的検証をパスした，現在ほぼ唯一の科学的宇宙論である．その観測的証拠とは前節で述べた（1）宇宙膨張に加え，（2）宇宙全体を満たす宇宙マイクロ波背景放射と，（3）初期宇宙における軽元素合成である．いずれも理論と観測が誤差の範囲内でぴたりと一致した．偉大な成功ともいうべき理論体系である．

7.2.1　宇宙マイクロ波背景放射

　背景放射とは，宇宙のあらゆる方向からやってくる光のことをいう．現在，電波から赤外線，可視光，紫外線，X線，γ線まで，さまざまな波長で観測されている．このうち初期宇宙に関係するのは，マイクロ波とよばれる電波放射であり，宇宙マイクロ波背景放射（CMB[*24)]）とよばれている．これは，ビッグバンの名残りの光なのである．

　宇宙マイクロ波背景放射は 1960 年代にペンジアス（A. A. Penzias）とウィルソン（R. W. Wilson）によって発見された[*25)]．その後，1992 年には COBE[*26)]衛星によって観測がなされ，温度 2.7 K のきれいなプランク分布であることが証明された（図 7.6）[*27)]．

　宇宙マイクロ波背景放射は，宇宙が温度 3000 K だったときに出た放射である[*28)]．それがどうして 2.7 K の放射として観測されているのかというと，宇宙膨張に伴って電磁波の波長が伸びたからである[*29)]．宇宙の温度は，赤方偏移を z として

$$T = 2.725 \times (1+z) \text{ K} \qquad (7.24)$$

と書ける．われわれは，宇宙が現在の大きさの $1/(1+z) \sim 2.7/3000 \sim 1/1100$ だったときの情報を手にしているのである．

[*24)] "Cosmic Microwave Background radiation" の略．
[*25)] 1978 年ノーベル物理学賞受賞．
[*26)] "Cosmic Microwave Background Explorer" の略．
[*27)] 2002 年ノーベル物理学賞受賞．最新の値は 2.72548 ± 0.00057 K（Fixsen, 2009）．
[*28)] この後 7.3.2 項でやや詳しく述べる．
[*29)] 7.1.3 項参照．

7.2 ビッグバン宇宙論

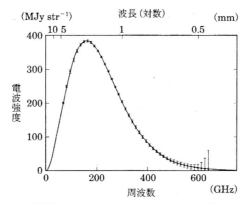

図 7.6 宇宙マイクロ波背景放射スペクトル（二間瀬ほか編『宇宙論 II』図 1.18. 原図は COBE 衛星による）
見やすくするためエラーバーは 200 倍に拡大してある.

さて，COBE 衛星による宇宙マイクロ波背景放射の観測は，「宇宙はほぼ一様の状態から始まった」ことを証明した．さらに COBE 衛星は，もう一つ重大な発見をした．宇宙の晴れ上がりのとき，放射量（物質温度[*30)]）がほんのわずか（0.001 %）だけゆらいでいたのである[*31)]．これはその後，WMAP 衛星[*32)]，PLANCK 衛星[*33)]により，詳細に確認された．このゆらぎが長い時間かけて成長し，やがて天体形成に至るのである（7.3.1 項）．

7.2.2 宇宙初期元素合成

先に昔にできた恒星ほど重元素量が少なく種族 II とよばれること，その古い種族 II の恒星は銀河系でいうとバルジやハロー部分に分布していることを述べている[*34)]が，宇宙進化と共に重元素量が増えてきたのである．ここで元素合成の歴史について，現在の知見をまとめておこう．

ガモフのビッグバン宇宙論によると，宇宙は高温高密度の火の玉状態から生ま

[*30)] 黒体放射スペクトルの長波長側（レイリー・ジーンズ側）において放射量は温度に比例する（1.2.4 項）.
[*31)] 厳密にいうと，ゆらぎの大きさは $\delta \equiv (\rho - \bar{\rho})/\bar{\rho}$ の分散 $\langle |\delta|^2 \rangle$ で定義される.
[*32)] WMAP は "Wilkinson Microwave Anisotropy Probe" の略.
[*33)] PLANCK は人名.
[*34)] 3.1.3 項および 6.1.4 項参照.

れた.宇宙膨張に伴う密度・温度の減少を考慮して計算した結果,ヘリウム (He) やリチウム (Li) など軽元素は宇宙初期につくられたことがわかった (図7.7). 宇宙開闢後数分から1時間の間のできごとである. したがって, 宇宙最初の恒星は重元素量 $Z=0$ であったはずだ. これは**種族III**の星とよばれ, 未発見だがその存在は確実視されている.

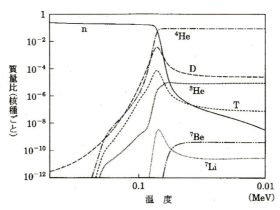

図7.7 軽元素の量の時間変化 (佐藤・二間瀬編『宇宙論I』図4.3)
Liより重い元素はできなかった.

宇宙初期は恒星内部よりもずっと高温である. それなのにヘリウムより重い元素は, なぜ宇宙初期にできなかったのだろうか. それは, 宇宙初期の密度は恒星中心の密度よりずっと小さかったことと, 宇宙初期は膨張によってすぐに温度が下がって, 高温状態を長く維持できなかったこととが原因である. 宇宙初期につくられるヘリウムの量は, 宇宙の密度, 温度, 膨張速度によって決まる. 宇宙を観測してヘリウム量を測定すると, 宇宙膨張に関する情報が得られるのである.

さて種族IIIの恒星の中では重元素が多少つくられ, 超新星爆発と共につくられたものも含め, 重元素が星間空間にばらまかれる. その中から生まれた恒星の中でも重元素がつくられ星間空間にばらまかれる. こうして, 星形成→重元素合成→超新星爆発→重元素拡散というサイクルを繰り返すうちに, しだいに重元素が星間空間に満ちていき, やがて種族Iの恒星が生まれる. したがって, 宇宙進化の順番は種族III→種族II→種族Iとなる.

7.3 天体形成論

 宇宙を巡る旅も終わりに近づいた．この節ではいよいよ「私たちはどこから来たのか」という問いに直結した課題，すなわち宇宙にある天体がどのように形成されたかについて解説しよう．

7.3.1 密度ゆらぎの成長

 宇宙膨張の速度は，厳密にいうとどこでも同じではない．もしどこでも同じなら，宇宙は一様に薄まり，銀河や銀河団といった構造はできなかっただろう．（だから私たちはここにいないことになる！）ビッグバン膨張宇宙のもう一つの特徴は，宇宙初期にしこまれた密度ゆらぎが成長し，天体を形成することである．

 球対称の密度分布をもった物質（ダークマター，バリオン）の塊を考えよう．その塊が宇宙膨張に乗って膨張を続けるか，自己重力が打ち勝ってやがて収縮を始めるかは，その塊の平均密度が臨界密度を超えているか否かによる．これは，球対称密度分布を考える限り，考えている領域の外にある物質の重力は相殺されるからである．いわば各領域で局所的な宇宙が実現し，(7.21)式にしたがって膨張・収縮しているといえる．

 われわれの宇宙は膨張宇宙であると述べた．すなわち，宇宙の平均密度はどんどん小さくなる．また，ある時点で宇宙の平均密度がそのときの臨界密度より小さければ，すべての時間で $\bar{\rho} < \rho_{\rm crit}(t)$ であることが示される[*35]．したがっていつまで経っても宇宙の物質密度は臨界密度を超えることができず，天体形成は起こらない．しかし密度ゆらぎがあると話が異なる．なぜなら高密度の領域は，周りからものを集めてどんどん太ることができるからだ．

 その理屈を図7.8によって考えよう．密度が周りより大きい領域は，周囲にほんの少し強い重力を及ぼすので，周囲から物質を引きつけ，集めてさらに密度を高めることになる．一方，周りより低密度の領域は，引きつける力が弱いので，逆に物質を高密度領域にとられて密度は低下する．こうして（ジーンズ波長以上の）密度ゆらぎは成長する．そして，高密度領域の密度が臨界密度を超えると，

[*35] 宇宙初期において宇宙項は効かないので，ここでは $\Lambda = 0$ として記述した．

図7.8 密度ゆらぎの成長の模式図

縦軸:密度,横軸:空間スケール.密度が周りより高いところに物質が集まることによりさらに密度が高くなることを表す.

その領域は重力収縮して天体形成に至るのだ.

これが密度ゆらぎの成長の一般論であるが,膨張宇宙の場合,宇宙全体が拡がっていき,その中で天体がつくられていくということに注意を要する.先に,膨張速度が場所により異なると述べたが,周りより高密度(あるいは低密度)の領域は,宇宙の平均膨張速度より遅く(速く)膨張するのである(図7.8).宇宙全体の平均密度は,スケール因子の -3 乗に比例して一様に下がっていく($\bar{\rho} \propto a^{-3}$)のだが,高密度(あるいは低密度)の領域は,密度の薄まり方が相対的に遅い(速い)ことになる.こうしてやはり密度のコントラスト(凹凸)が時間と共にどんどん増大する結果となる.一方で宇宙の臨界密度[*36]も

$$\rho_{\mathrm{crit}}(t) \equiv \frac{3H^2}{8\pi G} = \rho_{\mathrm{crit}}(t_0) \times \left(\frac{H}{H_0}\right)^2 \propto \left(\frac{\dot{a}}{a}\right)^2 \qquad (7.25)$$

と,時間と共に急激に減少する.やがて高密度の領域が,その時点での臨界密度を超えると,その領域は宇宙膨張から完全に切り離されて収縮を始める.重力崩壊が始まるのだ.こうして,一様等方の宇宙から天体がどんどんつくられていくのである(図7.9).

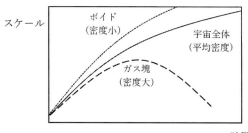

図7.9 宇宙における密度ゆらぎの成長の概念図

実線:宇宙全体の成長 $a(t)$,破線(点線):密度が平均密度より大きな(小さな)領域の膨張のしかた.密度大の塊は宇宙の臨界密度を超えたら収縮に転じて天体(ハロー)を形成する.

[*36] (7.17a) 式.アインシュタイン-ド・ジッター宇宙では,$\rho_{\mathrm{crit}}(t) \propto (\dot{a}/a)^2 \propto t^{-2}$ となり,宇宙の平均密度 $\bar{\rho}(t) \propto [a(t)]^{-3} \propto t^{-2}$ と同じべきで減少するので,どの時刻でも $\Omega \equiv \bar{\rho}(t)/\rho_{\mathrm{crit}}(t) = 1$ となる.

| コラム K | 膨張宇宙におけるジーンズ不安定性 |

3.3.4項コラム I：ジーンズ不安定性で論じた自己重力不安定性が，膨張宇宙において どのような変更を受けるか，考察しよう[*1]．密度ゆらぎを

$$\rho=\bar{\rho}(1+\delta), \quad \delta\equiv(\rho-\bar{\rho})/\bar{\rho} \tag{K.1}$$

の形におきかえると（$\bar{\rho}$ は平均値），静止宇宙における密度ゆらぎの式は

$$\frac{\partial^2\delta}{\partial t^2}-c_s^2\nabla^2\delta-4\pi G\bar{\rho}\delta=0 \tag{K.2}$$

となる（ただし c_s は音速）．これに宇宙膨張の効果

$$\mathbf{r}=a(t)\cdot\mathbf{x} \rightarrow \dot{\mathbf{r}}=\dot{a}\mathbf{x}+a\dot{\mathbf{x}} \tag{K.3}$$

を考慮して

$$\mathbf{v} \rightarrow \mathbf{v}+\dot{a}\mathbf{x}, \quad \frac{\partial}{\partial t} \rightarrow \frac{\partial}{\partial t}-\frac{\dot{a}}{a}\mathbf{x}\cdot\nabla, \quad \nabla \rightarrow \frac{1}{a}\nabla \tag{K.4}$$

を用いて式変形し，$\delta\propto\exp(ikx)$ とおくと，最終的に次式を得る．

$$\frac{\partial^2\delta}{\partial t^2}+2\frac{\dot{a}}{a}\frac{\partial\delta}{\partial t}-\left(4\pi G\bar{\rho}-\frac{c_s^2k^2}{a^2}\right)\delta=0 \tag{K.5}$$

左辺第2項が宇宙膨張の効果を表す．第3項は $(k_J^2-k^2)$ に比例することから，ジーンズ波数 $k_J\equiv 2\pi/\lambda_J$ 以下のゆらぎが重力崩壊することを表す．

静的宇宙の中で，$\lambda>\lambda_J$ なる波長のゆらぎは指数関数的に増大したが，膨張宇宙の中ではどうだろうか？ アインシュタイン-ド・ジッター宇宙（$\rho=\rho_{\mathrm{crit}}, \Lambda=0$）で調べよう．$a(t)\propto t^{2/3}, \bar{\rho}=(6\pi Gt^2)^{-1}$ なので，(K.5)式において $\lambda\gg\lambda_J$ の近似の下

$$\frac{\partial^2\delta}{\partial t^2}+\frac{4}{3t}\frac{\partial\delta}{\partial t}-\frac{2}{3t^2}\delta=0 \tag{K.6}$$

を得る．この微分方程式の解は，A, B を定数として

$$\delta=At^{2/3}+Bt^{-1} \tag{K.7}$$

である．第1項が成長するゆらぎを表す[*2]．指数関数でなくべき関数であることに注意されたい．奇しくもゆらぎ成長の時間依存性は宇宙膨張のそれに一致する．膨張宇宙における密度ゆらぎはほぼ宇宙全体の膨張に歩調を合わせて，ゆっくり，じわじわと成長するのである[*3]．

[*1] 松原（2010）6.1～6.2節に丁寧な式導出がある．
[*2] もう一つの減衰する解は，（密度成長には関係しない）渦のモードである．
[*3] 線形段階（$\delta\ll 1$）に限った話．$\delta\sim 1$ となった後は一気に重力収縮する．

7.3.2 2つのダークマターモデル

どのような天体が，いつ頃できるかは，宇宙初期の密度ゆらぎのスペクトル（どのスケールのゆらぎがどれくらいあるかを示すもの）に依存する．そしてゆらぎのスペクトルには，ダークマター（暗黒物質）による影響が大きく現れる．そのため，1980年から90年にかけて大規模構造形成分野では主に2つのダークマターモデルが盛んに議論されたのであった．

構造形成の文脈からいうと，まず大きな構造をつくってからその分裂により小さな構造をつくるという「トップダウン・シナリオ」と，まず小さめの構造をつくってからその合体により大きな構造をつくるという「ボトムアップ・シナリオ」の，2つの形成シナリオが提唱された．以下では2つのダークマターモデルと関連させてこの2つのシナリオを紹介する．

HDM（熱いダークマター）モデル これはニュートリノなど，比較的に小質量粒子がダークマターとなっているモデルである．小質量粒子は遠くまで勢いよく飛び回っているので，短い長さスケールの密度ゆらぎを消してしまう．その結果，まず銀河団・超銀河団スケールの大きな構造ができる．それらが分裂して銀河をつくるというので，トップダウン・シナリオに対応する．別名パンケーキモデルともよばれ，ロシアにおいてゼルドビッチ（Y. B. Zel'dovich）らによって盛んに研究された．

CDM（冷たいダークマター）モデル このモデルでは，やや重い粒子を考える．小さなスケールのゆらぎもならされないので，まず，球状星団くらいの小天体ができる．それらが合体・集合を繰り返して銀河・銀河団となる．小さな構造ができて大きな構造に成長することから，ボトムアップ・シナリオ，あるいは階層的構造形成シナリオに対応する．米国のピーブルス（P. J. E. Peebles）が提唱し，西側で盛んに研究された．

現在では，大規模構造の観測をよりよく説明できるCDMモデルが定説となっている（図7.10）．HDMモデルでは小スケールのゆらぎがならされて小さな構造がなかなかできないからである．以上により，現在の宇宙モデルはΛCDM（宇宙項Λ入りのCDMモデル）とよばれる．ただし，CDMの正体については依然不明である[*37]．現在，観測・実験によりダークマターの正体を突きとめる

[*37] 未発見の素粒子（たとえば超対称性理論が予言するニュートラリーノ）が有力視されている．

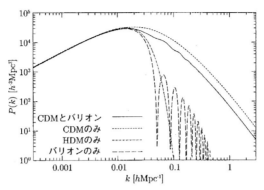

図7.10 密度ゆらぎのパワースペクトル（松原『大規模構造の宇宙論』図4.2，原図は Springel et al.（2005））

試みが日本でも盛んに行われている．

7.3.3 宇宙の大規模構造

大口径望遠鏡で遠くの（暗い）銀河を多数観測することにより，宇宙の3次元地図が描かれている．3次元地図をつくるには，銀河までの距離を知ることが必要だが，遠方の銀河ほど，その距離に比例した速度で遠ざかっているというハッブル-ルメートルの法則[*38)]を用いるのだ．

図7.11につくられた地図の一部を示す．銀河がほとんどないところ（ボイド）が随所に見られ，それをとり囲むように銀河が多く分布していることがわかる．ちょうど風船のように，からっぽの領域を銀河が多数存在する膜が覆っているような構造であり，「泡構造」ともよばれる．膜と膜が交わるところが線になり，線と線が交わるところが点になる．その点が銀河団に相当する．

こうした構造がどのように形成されたか，理論的にある程度わかっている．宇宙初期密度ゆらぎのパワースペクトル（7.3.2項）を思い起こそう．それはどの長さスケール（あるいは質量スケール[*39)]）のゆらぎがどの大きさの振幅をもっているかを示すものであった．そのゆらぎが宇宙膨張とともにどう成長していく

[*38)] 7.1.1項参照．
[*39)] 長さスケール λ に対し，質量スケールは $M \equiv (4\pi/3)\bar{\rho}\lambda^3$ で定義される．

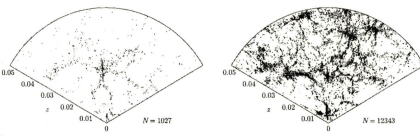

図 7.11 宇宙の地図の古典的 CfAI サーベイ（左）と SDSS による現代的サーベイ（右）
（Geller and Huchra（1988）および SDSS）
宇宙の中のある，長さおおよそ5億光年の領域に分布する銀河を点で表す．銀河はボイドをとり囲むように分布している．

かがわかっている[*40)]ので，宇宙年齢ごとに，どの質量スケールの天体がどれだけの数できたかが統計的に計算できる（**コラム L：線形成長から非線形成長へ**）．これを元に構築されたのが**プレス・シェヒター理論**である．

こうして，どの質量の天体がいつ形成されたかがおおよそわかる（図 7.12）．小質量の天体が $z=10$-20 あたりから形成を始め，次第に大質量天体へと移行していくようすが見てとれる．こうした統計論は観測とよい一致を示している．

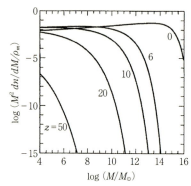

図 7.12 宇宙進化の各時間（z）における質量ごとの天体の数分布（松原『大規模構造の宇宙論』図 4.11）

[*40)] 7.3.1 項コラム K：膨張宇宙におけるジーンズ不安定性参照．

7.3 天体形成論

| コラムL | 線形成長から非線形成長へ |

7.3.1項コラムK：膨張宇宙におけるジーンズ不安定性では線形段階（$\delta \ll 1$）での密度ゆらぎの成長を議論した．その密度ゆらぎはどれくらいの時間を経て重力崩壊を起こす（天体を形成する）のだろうか？

簡単のため，アインシュタイン-ド・ジッター宇宙における球対称密度ゆらぎを考える．運動方程式は媒介変数を用いて解けて [*1]

$$\frac{d^2 R(t)}{dt^2} = -\frac{GM}{R^2} \rightarrow \begin{cases} R = \dfrac{R_0}{2}(1-\cos\theta) \\ t = \sqrt{\dfrac{R_0^3}{8GM}}(\theta - \sin\theta) \end{cases} \quad (\text{L.1})$$

を得る．ただし，時刻 $t=0$ で $R=0$ とした（ここから宇宙が膨張する）．

密度ゆらぎ $\delta(t)$ を，半径 R 中の密度 $\rho = 3M/(4\pi R^3)$ と宇宙の平均密度 [*2] $\bar{\rho}(t) = 1/(6\pi G t^2)$ を使って以下のように定義しよう．

$$\delta(t) \equiv \frac{\rho - \bar{\rho}(t)}{\bar{\rho}(t)} = \frac{9GMt^2}{2R^3} - 1 = \frac{9}{2}\frac{(\theta - \sin\theta)^2}{(1-\cos\theta)^3} - 1 \quad (\text{L.2})$$

球は時刻 $t_{\rm dyn} \equiv \pi\sqrt{R_0^3/(8GM)}$（$\theta = \pi$）で最大半径 R_0 に達したのち重力収縮し，時刻 $2t_{\rm dyn}$ で半径がゼロ，密度は無限大となる [*3]．これがおおよその天体形成時期にあたる．この時期を，線形理論（$\delta(t) \ll 1, \theta \ll 1$）を用いて見積もってみよう．時刻および密度ゆらぎをテーラー展開して

$$t = \frac{1}{6}\sqrt{\frac{R_0^3}{8GM}}[\theta^3 + o(\theta^5)] \rightarrow \delta(t) = \frac{3}{20}\theta^2 + o(\theta^4) \sim \frac{3}{20}(6t)^{2/3}\left(\frac{8GM}{R_0^3}\right)^{1/3} \quad (\text{L.3})$$

となるので [*4]，非線形ゆらぎが密度無限大になる時刻 $t = 2t_{\rm dyn}$ において，線形密度ゆらぎは

$$\delta(2t_{\rm dyn}) \sim \frac{3(6t_{\rm dyn})^{2/3}}{20}\left(\frac{8GM}{R_0^3}\right)^{1/3} = \frac{3(12\pi)^{2/3}}{20} \sim 1.69 \quad (\text{L.4})$$

まで成長している勘定になる [*5]．よって，コラム冒頭にあげた問いの答えは，「線形理論で $\delta \sim 1.69$ に達する時刻が重力崩壊を起こす時期，すなわち天体形成時期である」となる．

[*1] 1.3.5項コラムD：自由落下時間参照．
[*2] 7.1.6項コラムJ：宇宙膨張の解析解（J.2）式参照．
[*3] 実際は無限大になる前に（速度分散等により）収縮は止まり準静的天体となる．
[*4] $\theta - \sin\theta = (\theta^3/6) - (\theta^5/120) + o(\theta^7)$，$1 - \cos\theta = (\theta^2/2) - (\theta^4/24) + o(\theta^6)$ を（L.2）式に代入して，$\delta(t) \sim [1-(\theta^2/20)]^2[1-(\theta^2/12)]^{-3} - 1 \sim (3/20)\theta^2$ を得る．
[*5] この数値（1.69）は宇宙モデルにあまりよらない数である．

7.3.4 銀河の形成

宇宙膨張に伴って密度ゆらぎが成長し,密度の高い部分がやがて宇宙膨張から切り離されて自己重力収縮し,天体形成に至るプロセスを少し解析的に(ニュートン力学で)考えてみよう.

今,質量 M をもつ球対称密度ゆらぎ(密度の極大)を考える.最大膨張時の半径と平均密度をそれぞれ R_{max}, ρ_{max}, 重力収縮した後にできた静水圧平衡にある球の半径と密度を R_0, ρ_0, 1次元速度分散を σ とすると,エネルギー保存より以下のように書ける.

$$-\frac{3}{5}\frac{GM^2}{R_{max}} = -\frac{3}{5}\frac{GM^2}{R_0} + \frac{3}{2}M\sigma^2 \tag{7.26}$$

左辺および右辺第1項は重力ポテンシャルエネルギーを,右辺第2項は内部エネルギーを表す.一方,収縮後の球対称天体に対しヴィリアル定理を適用すると[*41)]

$$-\frac{3}{5}\frac{GM^2}{R_0} + 3M\sigma^2 = 0 \tag{7.27}$$

を得る.以上2式より,できた天体のサイズは $R_0 = R_{max}/2$,密度は $\rho_0 = 8\rho_{max}$ となることがわかる.天体形成までの時間は膨張の時間と収縮の時間の和で,どちらも同じオーダーなので

$$t = 2t_{dyn} = \sqrt{3\pi/8G\rho_{max}} = \sqrt{3\pi/G\rho_0} \tag{7.28}$$

と見積られる.ここで t_{dyn} は動的時間(自由落下時間)である[*42)].密度として星間物質(電離水素)の密度 $\rho_0 \sim 10^{-22}\,\mathrm{kg\,m^{-3}}$ を代入すると,

$$t_{dyn} = \sqrt{3\pi/G\rho_0} \sim 10^{16.5}\,[\mathrm{s}] \sim 10^9\,[\mathrm{yr}] \tag{7.29}$$

となる.

こうして,宇宙が生まれてから十数億年経てから盛んに銀河が形成されたと考えることができる[*43)].これは宇宙の赤方偏移 $z = 2 \sim 4$ に当たり,大型赤外線望遠鏡が威力を発揮してサーベイ観測などが行われている.

第6章で述べたさまざまなタイプの銀河は,どのようにしてできたのだろう

[*41)] 2.1.3項コラムG:星のヴィリアル定理参照.内部エネルギー U を,重力ポテンシャルエネルギーを Ω として,$\gamma = 5/3$ のとき $\Omega = -2U$ を得る.

[*42)] 1.3.5項コラムD:自由落下時間参照.

[*43)] 銀河形成自体はその前から起こっていたが局所的なものだった.

か．その原因はまだよくわかっていない．内部構造がきちんと決まる恒星と異なり，星とガス・ダスト，そしてダークマターの集まりである銀河は複雑なふるまいをする．ガス（星間雲）があれば，恒星も誕生する．それらを統一的に理解するのは至難の業だ．そこで，シミュレーションを用いた研究が進展している．複雑な物理過程を考慮した大規模シミュレーションが最近ようやく可能になってきており，宇宙初期の密度ゆらぎから出発して，銀河形成に至るプロセスを計算するシミュレーションが盛んになされているのである．

7.4 宇宙の歴史

本書最後の本節では，宇宙の歴史を，その始まりから現在に至るまで概観する．

7.4.1 概 観

本書の締めくくりとして，宇宙の歴史を現在から過去にさかのぼって俯瞰してみよう．現代宇宙論では，ビッグバン宇宙論に素粒子理論の考え方が巧みに取り入れられて宇宙進化の描像が得られている．

表7.2に，われわれがいま理解している宇宙の歴史を簡単にまとめた．高温・高圧の火の玉状態で生まれた宇宙は，膨張と共に密度と温度が下がったので，逆に現在から昔へとたどると宇宙はどんどん高温・高密度の状態になる．それと共に，支配的な物理過程も変遷することが興味深い点である（図7.13）．

(1) 現在の宇宙（温度は 2.7 K） 現在の宇宙をひとことで表現すると，「多様性」ということになるだろう．現在，宇宙にはさまざまな天体が多重な階層構造をつくりあげ，まじつに多様な活動をしている．

現在の宇宙の温度は絶対温度で 2.7 K である．宇宙の温度といってもぴんとこないかもしれないが，恒星のように自らエネルギーをつくり出したり，惑星のように恒星からの光を受けて暖まったりしていない限り，すべての物質の温度は宇宙温度の 2.7 K になる．過去をさかのぼるにつれ，この宇宙の温度と密度が増大し，大事な意味をもってくる．

(2) クェーサー最盛期（温度は 10 K） 宇宙全体でみたとき，銀河形成やその中での星形成活動が極めて活発だったのは，宇宙が誕生してから 15〜30 億年

7. 現代の宇宙論

表 7.2 宇宙の歴史

宇宙年齢 (赤方偏移)	温度 (K)	事象	説明	関連箇所
138億年	~2.7	現在	銀河団スケールの密度ゆらぎが成長	
15~30億年 ($z=2$~4)	~10	クェーサー最盛期,星形成活動も活発	銀河スケールの密度ゆらぎが成長	7.3.4項
~2億年? (z~20?)	~50?	宇宙最初の星・銀河の誕生	巨大ブラックホールの種の形成も(?)	
38万年 (z~1100)	~3000	宇宙の晴れ上がり,宇宙マイクロ波背景放射の生成	電離水素が電子をとらえて中性化	7.2.1項, 7.4.2項
3分 ~1時間	~10^9	宇宙初期元素合成	ヘリウム・リチウムなどの軽元素合成	7.2.2項
10^{-4}秒	~10^{12}	クォーク・ハドロン相転移	クォークから陽子,中性子ができる	
10^{-10}秒	~10^{15}	電弱(ワインバーグ・サラム)相転移	第3の相転移	
10^{-38}秒	~10^{29}	インフレーション	第2の相転移	7.4.3項
10^{-44}秒	~10^{32}	プランク時間	第1の相転移	

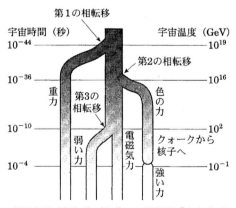

図 7.13 相互作用の相転移(佐藤・二間瀬編『宇宙論 I』図 1.4)

後のことである (7.3.4項). クェーサー*44)とよばれる, 大質量ブラックホールを中心にかまえる銀河が明るく光っていたことでも知られる時代である.

(3) 誕生後数億年の宇宙（温度は 20 K） 最初の恒星や銀河は, 130億年ほど前, すなわち宇宙が誕生してから数億年後, 宇宙が今の大きさの1/20くらいのときに生まれたと多くの研究者が考えている（ただし諸説ある）. 将来さらに大型の望遠鏡が建造されると, 最初の恒星や銀河からの光が直接とらえられるかもしれない.

(4) 誕生後38万年の宇宙（温度は 3000 K） 宇宙は透明だと思われているので, 百数十億光年離れた銀河が観測できるのだ. しかし, どこまでも見通すことができるわけではない. 光が伝わるのに時間がかかるので, 遠くを見るということは宇宙の昔の姿を見ることと同じであり, 宇宙の過去をずっとさかのぼっていくと, あるところより先が不透明で見えなくなる. そこは, 生まれてからおおよそ38万年経ったときの宇宙であり, マイクロ波背景放射がつくられたときでもある (7.4.2項参照).

(5) 誕生後3分から1時間の宇宙（温度は 10 億 $K = 10^9 K$） 現在の宇宙は, さまざまな元素で満ちている. 多くの元素は, 恒星の中や超新星爆発の際につくられたということを第3章で述べているが, ヘリウムなどの軽元素は, 恒星ができる前にすでにできていた. 宇宙誕生後3分～1時間の間に起きた宇宙初期元素合成である.

(6) 誕生後 10^{-4} 秒の宇宙（温度は 1 兆 $K = 10^{12} K$） 現在の宇宙にある物質を構成するのは, 陽子, 中性子, 電子といった粒子である. では, 陽子（水素イオン）や中性子といった粒子はいつできたのだろうか. それは, 宇宙が誕生して0.0001秒経った頃である. クォークという素粒子が3個集まって1個の陽子や中性子ができた（クォーク・ハドロン相転移）. 陽子や中性子ができる前, 宇宙は電子, ニュートリノ, クォーク, 光子という粒子で満ちていたことになる.

(7) 誕生後 10^{-10} 秒の宇宙（温度は 1 千兆 $K = 10^{15} K$） このとき, 弱い相互作用と電磁相互作用の分離（第3の相転移）が起こったと考えられる. これはワインバーグ・サラム相転移とよばれる（図7.13）.

(8) 誕生後 10^{-38} 秒の宇宙（温度は 10 穰 $K = 10^{29} K$） この頃, 強い相互作用

---

*44) 6.3.4項参照.

と電弱相互作用（弱い相互作用と電磁相互作用が統合されたもの）の分離（第2の相転移）が起こる．そして真空のエネルギー（宇宙項）の解放により，宇宙は指数関数的な膨張を示す．これを**インフレーション**とよぶ（7.4.3項参照）．なおこの頃，粒子の数が反粒子の数よりわずかに増加する反応が起きたと考えられている[*45]．

(9) 誕生後 10^{-44} 秒の宇宙（温度は 1 溝 K $= 10^{32}$ K）　プランク長・プランク時間とは，万有引力定数 G，プランク定数 $\hbar$，光速 c を組み合わせてできる長さ・時間の次元をもつ量であり，以下のように表される．

$$\ell_\mathrm{P} \equiv \sqrt{G\hbar/c^3} \sim 10^{-35}\,[\mathrm{m}], \quad t_\mathrm{P} \equiv \sqrt{G\hbar/c^5} \sim 10^{-44}\,[\mathrm{s}] \quad (7.30)$$

重力を特徴づける G と量子を特徴づける $\hbar$ が含まれることから，重力も量子的に扱わないといけない長さであり時間ということができる．したがって，その宇宙年齢までにどのようなことが起こるかを知るには，量子重力理論の完成を待たなくてはいけない．人類にとって未知で謎の領域である．

7.4.2　宇宙の晴れ上がり

ビッグバン宇宙論によると，宇宙は高温・高密度の状態から出発した．宇宙は膨張するにしたがって，スケールファクターに逆比例して温度が下がっていった．温度がおおよそ 3000 K まで下がったとき，重大な変化が宇宙に起こった．それは，宇宙に最もたくさんある元素，水素の中性化である[*46]．それまで電離していた水素イオン（陽子）が電子と結合し中性化した．ところで，光は物質とさまざまな相互作用をすることは，すでにいろいろな場面で述べてきた．光は物質に吸収・散乱され，物質は光を放射するという，互いに持ちつ持たれつの関係にある．ここで特に大事となるのは，自由に飛び回る電子があるかどうかである．自由電子があると，光は簡単に散乱されて直接われわれに届かない．宇宙は曇りガラスとなるのである．

さて，宇宙が 3000 K に達して初めて，それまで吸収・散乱を繰り返していた光がまっすぐ私たちに達することができる（それが 7.2.1 項で述べた宇宙マイク

[*45]　現在の宇宙に反粒子はほとんどない．しかし，粒子と反粒子は電荷以外同様の性質を示すのだから，あらゆる反応（たとえば粒子生成の物理過程）に粒子と反粒子の差はないはずである．なぜ粒子だけが残ったのか，未解明の課題である．

[*46]　「再結合」ともよばれる（電子と陽子はこのとき初めて結合したのだが）．

ロ波背景放射である).宇宙が曇りガラスから透明ガラスに変わったように透明になるため[*47],この現象は「宇宙の晴れ上がり」ともよばれる.

以下,少し定量的に考えよう.水素イオン(陽子),電子,水素原子はボルツマン分布をしているとすると,その分布関数は

$$f_x(p) = \exp\left[\left(\mu_x - m_x c^2 - \frac{p^2}{2m_x}\right)/kT\right] \qquad x = H^+, e, H \qquad (7.31)$$

と書ける.ここで,pは運動量,μ_xは化学ポテンシャル,m_xは質量である.水素イオン,電子,水素原子の個数密度は,これを運動量積分して

$$n_x = \frac{g_x}{h^3}\int d^3 p f_x(p) = g_x \left(\frac{2\pi m_x kT}{h^2}\right)^{3/2} \exp\left[(\mu_x - m_x c^2)/kT\right] \qquad (7.32)$$

を得る(ここでg_xはスピンの自由度で$g_{H^+}=2$, $g_e=2$, $g_H=4$).

反応$H^+ + e^- \leftrightarrow H$が平衡である条件は,化学ポテンシャルを使って

$$\mu_{H^+} + \mu_e = \mu_H \qquad (7.33)$$

と書ける.(7.32)式を組み合わせて化学ポテンシャルを消去すれば

$$\frac{n_{H^+} n_e}{n_H} = \frac{g_{H^+} g_e}{g_H}\left(\frac{2\pi kT}{h^2}\right)^{3/2}\left(\frac{m_{H^+} m_e}{m_H}\right)^{3/2} \exp\left[-\frac{(m_{H^+}+m_e-m_H)c^2}{kT}\right]$$
$$\approx \left(\frac{2\pi m_e kT}{h^2}\right)^{3/2} \exp\left[-\Delta E/(kT)\right] \qquad (7.34)$$

が得られる.ここで$\Delta E \equiv (m_{H^+} + m_e - m_H)c^2 \sim 13.6$ [eV] は水素のイオン化エネルギー,また$m_{H^+} \approx m_H \gg m_e$を使った.(7.34)式は**サハの式**とよばれて宇宙物理学でよく使われる式である.

一方,バリオンの数密度$n_b = n_{H^+} + n_H$は,(7.17b)式を用いて

$$n_b = \rho_b/m_b = (1+z)^3 \Omega_{b,0} \rho_{crit}/m_b = 1.1\times 10^{-5}(\Omega_{b,0}h^2)(1+z)^3 \text{ [cm}^{-3}\text{]} \qquad (7.35)$$

となる.イオン化率を$x_e = n_e/n_b$で定義すると,電気的中性の条件から

$$n_{H^+} = n_e = n_H x_e/(1-x_e) \qquad (7.36)$$

が成立する.これらの関係式を使って(7.34)式は

$$\frac{n_{H^+} n_e}{n_H n_b} = \frac{x_e^2}{1-x_e} = 4.4\times 10^{21}(\Omega_{b,0}h^2)^{-1}(T[K])^{-3/2}\exp\left[-\Delta E/(kT)\right] \qquad (7.37)$$

と書き換えられる.この式から水素が中性となる温度が求められる.

単純に最後の指数関数部分のみを見ると,水素の中性化が始まるのは,水素の

[*47] 「霧の中を歩いていたら,急に霧がはれて周囲の景色が一気に目に飛び込んできた」と想像してみよう.宇宙物理学の勉強においては,このような身近な現象に結びつけると理解がしやすい.

電離エネルギー $\Delta E \sim 13.6$ [eV] に相当する温度,すなわち十数万 K となりそうに思えるが,実際には（7.37）式右辺の係数が大きな数のためずっと低温になって初めて中性化が始まる.仮に $x_e = 0.5$ とすると $\Omega_{b,0} h^2 \sim 0.2$ に対し $T = 3700$ [K] を得る.実際にはここに考慮しなかった非平衡状態などを考慮すると,温度は少し下がって 3000 K 程度となることが示される.$z \sim 3000/2.7 \sim 1100$ のときのことである.

7.4.3 インフレーションと宇宙の始まり

　宇宙は,さらに高温・高密度の状態から出発した.その始まりにおいて宇宙はどのような状態だったのだろうか.物理学者は,宇宙の始まりにおいて私たちの世界を支配する一番基礎的な法則が露わになると考えている.その究極の法則は何なのか,物理学者がさまざまな仮説をたてて研究を進めているところである.観測による検証が難しい課題であるのだが,それでもインフレーションとよばれる急激な宇宙膨張があったことは確かだと考えられている.インフレーションを経て宇宙は高温となり,現在の宇宙膨張へとつながっているのである.

　しかし,宇宙初期の極限状況は実験で検証できないのに,どうしてインフレーションという考え方が出てきたのだろうか.それは,宇宙初期におけるいくつかの問題点が,インフレーションを仮定することによって解決されることが明らかになったからである.

　その問題の一つは,「地平線問題」といわれる.7.4.1 項で,誕生後 38 万年の宇宙が観測されていると述べた.そしてこの観測により,当時,宇宙はどこも同じような密度や温度の状態にあったことがわかった.だが,偶然すべての場所で同じような状態にあったということは考えにくい.だから,何らかの機構が働いてどこでも同じ状態になったはずである.

　さらに,本章の冒頭でも述べたように現在の宇宙は,時空の曲率がほとんどないことがわかっている.このことを「宇宙は平坦である」という.これも不思議なことである.なぜならば,宇宙初期にほんの少しでも時空に曲率があれば,それは時間と共に急速に増加することがわかっているからである.これを「平坦性問題」という.

　これらの問題を解決するために,宇宙が指数関数的に膨張するというインフレーション宇宙論が考えられた.現代物理学の考え方によると,宇宙は温度の高い

真空の状態として始まった．真空といっても何もないからっぽの空間ではなくて，絶えず粒子ができたり消えたりしている，エネルギーをもった空間である．この真空のエネルギーが宇宙のインフレーションを引き起こしたと考えられるのだ．そして宇宙は，指数関数的に大きくなったという．その後，真空は状態を変え，インフレーションは終結した．この急激な膨張により，小さな一様な領域が今見える宇宙全体まで広がったと考えれば，一様な宇宙を説明できないという「地平線問題」は解決される．また急激な時空の引き延ばしにより時空の曲率がならされたと考えれば，宇宙の曲率がほとんどないことを説明できないという「平坦性問題」も解決する．

　いや，これだけではない．インフレーション宇宙論は，ビッグバン（火の玉）宇宙そのものの生成や，現在の天体をつくるもととなった密度ゆらぎが生み出されることも説明できるのだ[*48]．これらの点が決め手になり，インフレーション宇宙論が一躍脚光を浴びた．

　では，インフレーションの前は，宇宙はどういう状態にあったのだろうか．これは残念ながら全くわかっていない．宇宙誕生前に何があったか，とても気になるところで，実際，じつにさまざまな説が提案されている．しかし定説はまだない．

[*48] たとえば，佐藤・二間瀬編（2008）第8〜9章，小玉ほか（2014）第9章参照．

参 考 文 献

池内　了（1997）『観測的宇宙論』，東京大学出版会.
井田　茂（2007）『系外惑星』，東京大学出版会.
尾崎洋二（2010）『宇宙科学入門』，第 2 版，東京大学出版会.
加藤正二（1989）『天体物理学基礎理論』，ごとう書房.
小久保英一郎，嶺重　慎 編（2014）〈岩波ジュニア新書 777〉『宇宙と生命の起源 2―素粒子から細胞へ―』，岩波書店.
小玉英雄・井岡邦仁・郡　和範 著（2014）『宇宙物理学』，共立出版.
斉尾英行（1992）〈New Cosmos Series 5〉『星の進化』，培風館.
桜井　隆，小島正宜，柴田一成 編（2009）〈シリーズ現代の天文学 10〉『太陽』，日本評論社.
佐藤勝彦，二間瀬敏史 編（2008）〈シリーズ現代の天文学 2〉『宇宙論 I』，日本評論社.
佐藤文隆，R. ルフィーニ（2009）『ブラックホール―一般相対論と星の終末―』，筑摩書房.
柴田一成，福江　純，松本亮治，嶺重　慎 編（1999）『活動する宇宙―天体活動現象の物理―』，裳華房.
関井　隆（1998）「日震学の最近の話題から」，天文月報，91，p. 92
高原文郎（2015）『新版 宇宙物理学―星・銀河・宇宙論―』，朝倉書店.
田村元秀（2015）〈新天文学ライブラリ 1〉『太陽系外惑星』，日本評論社.
野本憲一（2007）『元素はいかにつくられたか』，岩波書店.
野本憲一，定金晃三，佐藤勝彦 編（2009）〈シリーズ現代の天文学 7〉『恒星』，日本評論社.
福江　純（1988）『降着円盤への招待―宇宙の大渦巻をさぐる―』，講談社.
二間瀬敏史（2014）『宇宙物理学』，朝倉書店.
二間瀬敏史，池内　了，千葉柾司 編（2007）〈シリーズ現代の天文学 3〉『宇宙論 II』，日本評論社.
松原隆彦（2010）『現代宇宙論―時空と物質の共進化―』，東京大学出版会.
松原隆彦（2014）『大規模構造の宇宙論―宇宙に生まれた絶妙な多様性―』，共立出版.
嶺重　慎（2016）〈新天文学ライブラリ 3〉『ブラックホール天文学』，日本評論社.

嶺重 慎, 鈴木文二 編 (2015)〈岩波ジュニア新書 808〉『新・天文学入門』, 岩波書店.
渡部潤一, 井田 茂, 佐々木晶 編 (2008)〈シリーズ現代の天文学 9〉『太陽系と惑星』, 日本評論社.
H. Ando and Y. Osaki (1975) Nonadiabatic nonradial oscillations: an application to the five-minute oscillation of the sun, *Astronomical Society of Japan*, **27**, pp. 581-603.
J. N. Bahcall (1989) *Neutrino Astrophysics*, Cambridge University Press.
J.-P. Beaulieu D. P. Bennett, and T. Yoshioka (2006) Discovery of a cool planet of 5.5 Earth masses through gravitational microlensing, *Nature*, **439**, pp. 437-440.
K. G. Begeman, A. H. Broeils, and R. H. Sanders (1991) Extended rotation curves of spiral galaxies: dark haloes and modified dynamics, *Monthly Notices of the Royal Astronomical Society*, **249**, pp. 523-537.
J. Binney and S. Tremaine (2008) *Galactic Dynamics*, 2nd ed., in Princeton series in astrophysics, Princeton University Press.
C. T. Bolton (1972) Identification of Cygnus X-1 with HDE 226868, *Nature*, **235**, pp. 271-273.
A. G. W. Cameron (1978) Physics of the primitive solar accretion disk, *Moon and the Planets*, **18**, pp. 5-40.
D. Charbonneau, T. M. Brown, D. W. Latham, and M. Mayor (2000) Astrophysical Journal Letters, **529**, pp. 45-48.
J. P. Cox and R. Guili (1968) *Principle of Stellar Structure*, Gordon & Breach.
J. P. Cox (1980) *Theory of Stellar Pulsation*, Princeton University Press.
X. Fan, M. A. Strauss, D. P. Schneider *et al.* (2003) A Survey of $z > 5.7$ Quasars in the Sloan Digital Sky Survey. II. Discovery of Three Additional Quasars at $z > 6$, *Astronomical Journal*, **125**, pp. 1649-1659.
D. J. Fixsen (2009) The Temperature of the Cosmic Microwave Background, *Astrophysical Journal*, **707**, pp. 916-920.
J. Frank, A. King, and D. Raine (2002) *Accretion Power in Astrophysics*, 3rd ed., Cambridge University Press.
M. J. Geller and J. P. Huchra (1988) Galaxy and cluster redshift surveys, in *Large-scale Motions in the Universe*, V. R. Rubin and G. V. Coyne eds. Princeton University Press pp. 32-39.
T. Gold (1968) Rotating neutron stars as the origin of pulsating radio sources, *Nature*, **21**, pp. 731-732.
J. Greiner, J. G. Cuby, and M. J. McCaughrean (2001) An unusually massive stellar black hole in the Galaxy, *Nature*, **29** (414), pp. 522-525.

D. H. Hartmann (1995) Gamma-rays from neutron stars, *The Astronomy and Astrophysics Review*, **6** (3), pp. 225-270.

C. Hayashi (1981) Structure of the Solar Nebula, Growth and Decay of Magnetic Fields and Effects of Magnetic and Turbulent Viscosities on the Nebula, *Progress of Theoretical Physics Supplement*, **70**, pp. 35-53.

E. Hubble (1929) A Relation between Distance and Radial Velocity among Extra-Galactic Nebulae, *Proceedings of the National Academy of Sciences of the United States of America*, **15**, pp. 168-173.

I. Iben Jr. (1965) Stellar Evolution. I. The Approach to the Main Sequence, *Astrophysical Journal*, **141**, p. 993.

I. Iben Jr. (1991) Single and binary star evolution, *Astrophysical Journal Supplement Series*, **76**, p. 55-114.

S. Kato, J. Fukue, and S. Mineshige (1998) *Black Hole Accretion Disks*, Kyoto University Press.

R. Kippenhahn and A. Weigert (1994) *Stellar Structure and Evolution*, Springer.

J. D. Kirkpatrick (2005) New Spectral Types L and T, *Annual Review of Astronomy and Astrophysics*, **43**, pp. 195-245.

Y. Kitamura, M. Momose, S. Yokogawa, R. Kawabe, M. Tamura, and S. Ida (2002) Investigation of the physical properties of protoplanetary disks around T Tauri Stars by a 1 arcsecond imaging survey: evolution and diversity of the disks in their accretion stage, *Astrophysical Journal*, **581**, pp. 357-380.

J. Kormendy (1988) Evidence for a supermassive black hole in the nucleus of M31, *Astrophysical Journal*, **325**, pp. 128-141.

K. R. Lang (2001) *The Cambridge Encyclopedia of the Sun*, Cambridge University Press.

P. S. Laplace (1796) Exposition du Système du Monde, tome 1 et tome 2 sur Gallica ［竹下貞雄 訳（2015）『宇宙体系解説』，大学教育出版］.

R. B. Larson (1969) Numerical calculations of the dynamics of collapsing proto-star, *Monthly Notices of the Royal Astronomical Society*, **145**, p. 271.

J. Lean (1991) Variations in the Sun's radiative output, *Reviews of Geophysics*, **29** (4), pp. 505-535.

G. H. Lemaître (1927) The Gravitational Field in a Fluid Sphere of Uniform Invariant Density, According to the Theory of Relativity., Thesis (PH. D.), Massachusetts Institute of Technology.

A. Loeb and S. Furlanetto (2013) *The first galaxies in the universe*, Princeton University Press.

D. R. Lorimer (2008) Binary and Millisecond Pulsars, *Living Reviews in Relativity*, **11**(8).

D. Lynden-Bell (1969) Galactic Nuclei as Collapsed Old Quasars, *Nature*, **223**, pp. 690-694.

A. Marconi and L. K. Hnut (2003) The relation between black hole mass, bulge mass, and near-infrared luminosity, *Astrophysical Journal Letters*, **589**, pp. 21-24.

M. Mayor and D. Queloz (1995) A Jupiter-mass companion to a solar-type star, *Nature*, **378**, pp. 355-359.

J. Michell (1783) *Philosophical Transactions of the Royal Society of London*, **74**, pp. 35-57.

M. Oda, P. Gorenstein, H. Gursky, E. Kellogg, E. Schreier, and H. Tananbaum (1971) X-Ray Pulsations from Cygnus X-1 observed from UHURU, *Astrophysical Journal Letters*, **166**, pp. 1-7.

F. Özel and P. Freire (2016) Masses, Radii, and the Equation of State of Neutron Stars, *Annual Review of Astronomy and Astrophysics*, **54**, pp. 401-440.

J. I. Read and N. Trentham (2012) The baryonic mass function of galaxies, *Philosophical Transactions of The Royal Society A*, **363**, number 1837, pp. 2693-2710.

M. J. Rees and J. P. Ostriker (1977) Cooling, dynamics and fragmentation of massive gas clouds: clues to the masses and radii of galaxies and clusters, *Monthly Notices of the Royal Astronomical Society*, **179**, pp. 541-559.

A. G. Riess (2000) The Case for an Accelerating Universe from Supernovae, *Publications of the Astronomical Society of the Pacific*, **112** (776), pp. 1284-1299.

C. Rolfs, H. P. Trautvetter, and W. S. Rodney (1987) Current status of nuclear astrophysics, *Reports on Progress in Physics*, **50** (3), pp. 233-325.

G. B. Rybicki and A. P. Lightman (1979) *Radiative Processes in Astrophysics*, Wiley.

V. S. Safronov and E. V. Zvjagina (1969) Relative sizes of the largest bodies during the accumulation of planets, *Icarus*, **10**, pp. 109-115.

P. Schechter (1976) An analytic expression for the luminosity function for galaxies, *Astrophysical Journal*, **203**, pp. 297-306.

K. Schwarzschild (1916), *Über das Gravitationsfeld eines Massenpunktes nach der Einsteinschen Theorie*, Sitzungsberichte der Königlich Preußischen Akademie der Wissenschaften (Berlin), pp. 189-196.

S. L. Shapiro and S. A. Teukolsky (1983) *Black Holes, White Dwarfs, and Neutron Stars: the Physics of Compact Objects*, Wiley.

F. H. Shu (1982) *The Physical Universe: an Introduction to Astronomy*, in A series of books in astronomy, University Science Books.

V. Springel, S. D. M. White, A. Jenkins *et al.*(2005)Simulations of the formation, evolution and clustering of galaxies and quasars, *Nature*, **435**, pp. 629-636.

G. Srinivasan (1989) Pulsars: Their origin and evolution, *Astronomy and Astrophysics Review*, **1**, pp. 209-260.

Y. Tanaka (1992) "Black hole x-ray binaries", in "Ginga Memorial Symposium", ed. F. Makino, F. Nagase (ISAS), pp. 19-36.

K. S. Thorne (1994) *Black Holes and Time Warps: Einstein's Outrageous Legacy*, W. W. Norton and Company [林 一, 塚原周信 訳 (1997)『ブラックホールと時空の歪み —アインシュタインのとんでもない遺産—』, 白揚社].

B. L. Webster and P. Murdin (1972) Cygnus X-1 : a Spectroscopic Binary with a Heavy Companion?, *Nature*, **235**, pp. 37-38.

S. Weinberg (1972) *Gravitation and Cosmology: Principles and Applications of the General Theory of Relativity*, John Wiley & Sons.

A. Wolszczan and D. A. Frail (1992) A planetary system around the millisecond pulsar PSR1257 +12, *Nature*, **355**, pp. 145-147.

索　引

欧　文

CDM　184
CMB　178
CNO サイクル　62

HDM　184
HR 図　55, 70, 143
HI 領域　147
HII 領域　147

MHD 波説　50

pc　6
pp チェイン　61

r 過程　67
r 過程元素　67

s 過程　67
s 過程元素　67

UBV 光度　10
UBV 等級　10

X 線新星　113
X 線連星系　108

あ　行

アインシュタイン-ド・ジッター宇宙　174, 187
アインシュタイン方程式　97
圧力平衡　35

アバンダンス　34
天の川銀河　140
アミノ酸　148
暗黒星雲　147

一般相対論　3, 97, 170
一般相対論的効果　57
色指数　10
インフレーション　192, 194

ヴィリアル温度　17
ヴィリアル定理　32, 43
ウィルソン　178
ウィーンの変位則　8
渦巻き銀河　142, 150
宇宙原理　169
宇宙項　175, 177
宇宙初期元素合成　179, 190, 191
宇宙年齢　176
宇宙の晴れ上がり　179, 192
宇宙膨張　167
宇宙マイクロ波背景放射　178, 190, 191, 192

衛星　121
エネルギー生成　31
エネルギー変換効率　102
エネルギー方程式　39
エネルギー輸送　31
　——の式　39
エントロピー　36-37
円盤部　141
円盤不安定モデル　111

オストライカー　157
オーダー評価　5

索　引

小田稔　102
オパシティ κ　34, 78
オーロラ　52
音速　17
音速通過時間　36, 45
音波　44

か 行

過安定　78-79
海王星型惑星　116, 119
回転曲線　155
化学組成　54, 58
角運動量　24, 108
核融合　31
核力　61
渦状腕　142, 150
ガス降着率　106
加速膨張　175
褐色矮星　54
活動銀河核　161
かに星雲　92
ガモフ　167
岩石惑星　117

軌道移動モデル　136
軌道不安定モデル　137
吸収係数　34
球状星団　143, 145
強磁場激変星　112
京都モデル　123, 136
巨大ガス惑星　116
巨大氷惑星　116
巨大質量ブラックホール　103
巨大衝突　122
巨大ブラックホール　154, 161
距離指数　9
銀河間ガス　150, 164
銀河群　163
銀河系　140
銀河団　163
銀河中心　141
近接連星系　103

クェーサー　161, 190, 191

系外銀河　148
系外惑星　114, 131
激変星　108
ケプラー時間　128
ケプラーの法則　116
原始星　75
原始太陽　123
原始惑星系円盤　125
元素合成　60

コア集積時間　129
コア集積モデル　123
光円軌道　100
高温ガス　147
光球　48
光子拡散時間　34
恒星質量ブラックホール　103
降着　106
降着円盤　106
光度　9, 53
光度階級　57
光度関数　158
黒体放射　11, 30, 53
黒点　50
コロナ　49
コンパクト天体　83

さ 行

最小安定円軌道　100
彩層　48
撮像　4
サハの式　193
サフロノフ　123
サルピーター　58, 66
散開星団　144, 145
散光星雲　147

磁気リコネクション　50
自己重力エネルギー　32
自己相似収縮　23

質量関数　58, 110, 157
質量-光度関係　59, 60
質量-寿命関係　59, 60
質量-半径関係　58, 60, 88
質量-表面温度関係　59, 60
質量輸送　106
シュヴァルツシルト　97
シュヴァルツシルト半径　97, 99
重元素　58, 66, 120, 146, 180
自由落下時間　20
重力波　3, 4
重力不安定　123
重力マイクロレンズ法　134
周惑星円盤　122
縮退圧　3, 85
主系列星　55
種族 I　58, 143
種族 II　58, 143
種族 III　58, 180
状態方程式　33, 39
シリウス　84
ジーンズ長　25
ジーンズ不安定性　76, 183
新星爆発　111

スケール因子　171, 172
スターバースト銀河　160
スペクトル型　53, 54
3α 反応　66

星間雲　123, 147
星間ガス　146
星間赤化　11, 147
星間分子　148
静水圧平衡　19, 31, 58
　——の式　38
セイファート銀河　161
赤色巨星　55, 56
赤方偏移　17, 161, 168, 171
接触型連星　105
絶対等級　9
摂動　25
セファイド型変光星　42, 77, 153

セファイド不安定帯　78
ゼルドビッチ　184
セレンディピティ　14
線スペクトル　11, 54

速度分散　17, 151
束縛エネルギー　64
測光　4, 9

た　行

太陽系円盤復元モデル　125
太陽系外縁天体　115
太陽大気　48
太陽定数　30
太陽風　52
対流によるエネルギー輸送　35
対流不安定性　35
楕円銀河　151
ダークエネルギー　3
ダークマター　3, 144, 155
ダスト落下問題　128
脱出速度　16, 17, 96, 130
タマネギ構造　71

地殻　118
地球型惑星　115, 117
チャンドラセカール質量　86
中心核　118
中性子星　3, 87
中性子捕獲　67
超新星残骸　92, 147
超新星爆発　72
直接撮像法　135

ティティウス-ボーデの法則　116
鉄の光分解　72
天体形成論　181
天文単位　6, 29

等級　8
動径振動　46
動的時間　17, 45, 77

索　　引

等ポテンシャル面　103
ドップラー効果　46
ドップラー法　132
トランジット法　134

な　行

内部エネルギー　32
内部構造論　38

日震学　43
ニュートリノ　4, 72, 79, 184

熱核反応　61
熱平衡　35
年周視差　7, 152
粘性　108

は　行

白色矮星　3, 55, 56, 84
　——の質量-半径関係　85
はくちょう座 X-1　102
パーセク　6
ハッブル　149, 167
ハッブル定数　168
ハッブル-ルメートルの法則　153, 167
ハッブルパラメータ　172
林忠四郎　75, 123
ハヤシ・トラック　75
ハヤシ・フェーズ　75
パルサー　90
バルジ　143, 150
ハロー　143
半分離型連星　105

ビッグバン宇宙論　178, 179
非動径振動　46
ピーブルス　184
ヒューイッシュ　90
標準光源　153
標準降着円盤モデル　107
標準太陽モデル　81

氷線　125
微惑星　123, 127

ファウラー　32
不安定性の一般論　26
不規則銀河　152
負の比熱　42, 64
ブラックホール　3, 96, 144
フレア　50
プレス・シェヒター理論　186
プレートテクトニクス　119
分光　4
分光観測　11
分光視差　153
分子雲　75, 147
分子雲コア　75
分離型連星　105

平均自由行程　34
平衡状態　26
ベーテ　32
ベル　90
ペンジアス　178
原始惑星系円盤　125
ペンストン　22

ホイル　66
棒渦巻き銀河　150
放射効率 η　107
放射によるエネルギー輸送　34
星形成　75
ホットジュピター　133
ボトムアップ・シナリオ　184
ポリトロープ　20, 120

ま　行

マイヨール　132
マントル　118

見かけの等級　8
水惑星　119
密度パラメータ　175

密度ゆらぎ　181
脈動不安定性　42

メシエ番号　149

木星型惑星　115, 119

や 行

有効ポテンシャル　104

ら 行

ラーソン　22

リース　157
臨界密度　174, 181

リング　115, 121

ルメートル　153, 167

レーン-エムデン方程式　20, 40
連星系ブラックホール　103
連続スペクトル　11, 53
連続の式　38

ロッシュローブ　104, 106

わ 行

矮新星　111
惑星　115
惑星状星雲　70, 147
惑星落下問題　137

著者略歴

嶺重　慎（みねしげ　しん）

1957 年　北海道に生まれる
1986 年　東京大学大学院理学系研究科博士課程修了
　　　　　マックスプランク天体物理学研究所，テキサス大学，ケンブリッジ大学
　　　　　で研究員等を経て，
現　在　京都大学大学院理学研究科宇宙物理学教室教授
　　　　　博士（理学）

専門は理論宇宙物理学，特にブラックホール天文学で，主著に『ブラックホール天文学』（日本評論社）がある．また，最近は一般書の執筆や一般向けの公演などで天文学普及活動にも力を入れている．その共（編）著書として，『新・天文学入門』『宇宙と生命の起源2—素粒子から細胞へ—』（ともに岩波書店）がある．
さらにユニバーサルデザインにも興味をもち，共編著書に『知のバリアフリー——「障害」で学びを拡げる—』（京都大学学術出版会）がある．

ファーストステップ 宇宙の物理

定価はカバーに表示

2019 年 3 月 1 日　初版第 1 刷
2021 年 9 月 25 日　　第 2 刷

著　者　嶺　重　　　慎
発行者　朝　倉　誠　造
発行所　株式会社　朝　倉　書　店

東京都新宿区新小川町 6-29
郵便番号　162-8707
電　話　03(3260)0141
Ｆ Ａ Ｘ　03(3260)0180
http://www.asakura.co.jp

〈検印省略〉

Ⓒ 2019〈無断複写・転載を禁ず〉　　　新日本印刷・渡辺製本

ISBN 978-4-254-13125-3　C 3042　　Printed in Japan

JCOPY ＜出版者著作権管理機構　委託出版物＞

本書の無断複写は著作権法上での例外を除き禁じられています．複写される場合は，そのつど事前に，出版者著作権管理機構（電話 03-5244-5088，FAX 03-5244-5089，e-mail: info@jcopy.or.jp）の許諾を得てください．

好評の事典・辞典・ハンドブック

物理データ事典	日本物理学会 編	B5判 600頁
現代物理学ハンドブック	鈴木増雄ほか 訳	A5判 448頁
物理学大事典	鈴木増雄ほか 編	B5判 896頁
統計物理学ハンドブック	鈴木増雄ほか 訳	A5判 608頁
素粒子物理学ハンドブック	山田作衛ほか 編	A5判 688頁
超伝導ハンドブック	福山秀敏ほか編	A5判 328頁
化学測定の事典	梅澤喜夫 編	A5判 352頁
炭素の事典	伊与田正彦ほか 編	A5判 660頁
元素大百科事典	渡辺 正 監訳	B5判 712頁
ガラスの百科事典	作花済夫ほか 編	A5判 696頁
セラミックスの事典	山村 博ほか 監修	A5判 496頁
高分子分析ハンドブック	高分子分析研究懇談会 編	B5判 1268頁
エネルギーの事典	日本エネルギー学会 編	B5判 768頁
モータの事典	曽根 悟ほか 編	B5判 520頁
電子物性・材料の事典	森泉豊栄ほか 編	A5判 696頁
電子材料ハンドブック	木村忠正ほか 編	B5判 1012頁
計算力学ハンドブック	矢川元基ほか 編	B5判 680頁
コンクリート工学ハンドブック	小柳 洽ほか 編	B5判 1536頁
測量工学ハンドブック	村井俊治 編	B5判 544頁
建築設備ハンドブック	紀谷文樹ほか 編	B5判 948頁
建築大百科事典	長澤 泰ほか 編	B5判 720頁

価格・概要等は小社ホームページをご覧ください.